Dehnungsmessungen
und ihre Auswertung

Von

Dr.-Ing. F. Rötscher und Dr.-Ing. R. Jaschke

Professor an der   Assistent an der

Technischen Hochschule Aachen   Technischen Hochschule Aachen

Mit 191 Abbildungen im Text
und einer Tafel

Berlin

Verlag von Julius Springer

1939

ISBN-13:978-3-642-89336-0   e-ISBN-13:978-3-642-91192-7
DOI:10.1007/978-3-642-91192-7

Vorwort.

Die vorliegende Arbeit ist aus einem Hinweis von Dr.-Ing. JASCHKE im November 1935 entstanden, daß sich die Hauptdehnungen aus den gemessenen Dehnungen durch den Verformungskreis ermitteln lassen. In gemeinsamer Arbeit wurde eine Reihe einfacher Verfahren zur Auswertung von solchen Messungen entwickelt und zunächst auf den ein- und zweiachsigen, dann auf den dreiachsigen Verformungs- und Spannungszustand, der bei der Beurteilung der Beanspruchung und der Sicherheit der Bauteile vielfach zu beachten ist, angewendet. Ergänzt sind die Untersuchungen durch die Beschreibung einiger kennzeichnender Dehnungsmesser, Ausführungen über die Zusammensetzung ebener Beanspruchungssysteme, die Ermittlung der Dehnungen im Innern von Wandungen, den Ausgleich der gemessenen Dehnungen und durch Darstellungen von Verformungs- und Spannungszuständen.

Das Buch ist für den Studierenden und den praktischen Ingenieur geschrieben zum Zweck, die Anwendung der Dehnungsmeßverfahren zu erleichtern und weiteren Kreisen nahe zu bringen. Deshalb ist besonderer Wert auf anschauliche Darstellung gelegt. Die einschlägigen Formeln sind in elementarer Form abgeleitet, die Beweise ausführlich angegeben. Zahlreiche Beispiele zeigen die Anwendung. Die Untersuchungen bieten wertvolle Einblicke in die Mechanik der Formänderungen elastischer Körper. Sie unterstützen und vertiefen das Verständnis der Festigkeitslehre; Dehnungsmessungen werden deshalb in Aachen seitens der Studierenden in den Übungen über Werkstoffkunde durchgeführt.

Bei der praktischen Anwendung ist zu empfehlen, sich zunächst mit den Verfahren zur Ermittlung der zweiachsigen Beanspruchung auf der Meßfläche vertraut zu machen und dann ihre Wirkung im Innern der Wandung an Hand der Beispiele des Abschnittes L zu verfolgen.

Überall sind die reichen, im Institut für Werkstoffkunde Aachen gewonnenen Erfahrungen auf dem Gebiete der Dehnungsmessungen verwertet.

Aachen, im Juni 1939.

RÖTSCHER.

Inhaltsverzeichnis.

Wichtigere Formelzeichen.

(Die allgemein üblichen der DIN 1304 und 1350 sind weggelassen.)

$e = \varepsilon_1 + \varepsilon_2 + \varepsilon_3$	Dilatation (Volumzunahme je Raumeinheit),
f	scheinbarer Fehler,
m	mittlerer Fehler,
$m_{\varepsilon_1} m_{\varepsilon_2} m_{\sigma_1} m_{\sigma_2}$	mittlere Fehler der Hauptdehnungen und -spannungen,
m_s	Spannungsmaßstab, 1 cm $= m_s$ kg/cm^2,
m_v	Verformungsmaßstab, 1 cm $= m_v$ cm/cm,
n	Zahl der Beobachtungen,
$u\, u_z$	Übersetzungsverhältnis,
$v\, v_1 v_2 \ldots v_n$	Verbesserungen der gemessenen Dehnungen,
$\gamma_0\, \gamma_{45} \ldots \gamma_\varphi \gamma_\omega \gamma_{-\omega}$	Schiebungen unter $0{,}45° \ldots \varphi$, ω und $-\omega$ gegenüber ε_0,
δ	Drehung im Raum in Bogenmaß,
$\varepsilon_1\, \varepsilon_2\, \varepsilon_3$	Hauptdehnungen,
$\varepsilon_1'\, \varepsilon_2'\, \varepsilon_1''\, \varepsilon_2''$	Hauptdehnungen zweier ebenen Systeme,
$\varepsilon_0\, \varepsilon_{45}\, \varepsilon_\omega\, \varepsilon_{-\omega}$	die unter $0{,}45°$, ω und $-\omega$ gemessenen Dehnungen gegenüber ε_0,
ε_φ	Dehnung unter dem Winkel φ gegenüber ε_1,
$\lambda\, \lambda_\varphi$	Änderung der Meßlänge l, l_φ in cm oder mm,
$\lambda_1\, \lambda_2$	Meßlängenänderungen in Richtung von ε_1 und ε_2,
λ_s	Änderung der Meßlänge auf Stiften,
$\lambda'\, \lambda''$	Änderung der Meßlänge auf der Meßfläche und der Gegenfläche,
ν	Verzerrung in cm/cm, ν_φ unter dem Winkel φ gegenüber ε_1,
χ	Winkel zwischen ε_1' und ε_1'' oder σ_1' und σ_1'', Winkel eines Strahles im Raume gegenüber der Z-Achse vor der Verformung; χ' nach der Verformung,
ϱ	resultierende Spannung in kg/cm^2, Krümmungshalbmesser an gewölbten Flächen,
σ_φ	Normalspannung unter dem Winkel φ gegenüber σ_1,
τ_φ	Schubspannung unter dem Winkel φ gegenüber σ_1,
φ	Ausschlagwinkel am Spiegelgerät, Winkel eines Strahles gegenüber X-Achse vor der Verformung; φ' nach der Verformung,
φ_0	Winkel der Hauptdehnung ε_1 gegenüber ε_0, Winkel zwischen der resultierenden Hauptdehnung ε_1 oder -spannung σ_1 und ε_1' oder σ_1',
ψ	Winkel eines Strahles im Raume gegenüber der Y-Achse vor der Verformung; ψ' nach der Verformung,
$\omega,\ -\omega$	Meßwinkel, unter denen die Dehnungsmessungen gegenüber ε_0 angesetzt werden.

A. Einleitung und Grundlagen.

Aufgabe des Konstrukteurs ist es, Bauwerke und Maschinen sowie alle ihre Einzelteile auf Grund der Betriebs- und Herstellungsbedingungen wirtschaftlich zu gestalten. Die wirkenden Kräfte müssen unter weitgehender Ausnutzung des Werkstoffes sicher aufgenommen, weitergeleitet und wieder abgegeben werden. Aufnahme und Abgabe erfolgt an den Kraftwirkungs-, Stütz- und Verbindungsstellen in der Regel unter Beanspruchung auf Flächendruck. Beim Weiterleiten der Kräfte *in* den Teilen entstehen innere Kräfte — Spannungen. Flächendruck und Spannungen müssen in bestimmten, vom Werkstoff, aber auch von der Art der Kraftwirkung abhängigen Grenzen gehalten, die Teile daraufhin berechnet werden, falls nicht Herstellung, Formänderungen, Stabilität oder Gefahr der Resonanz für die Bemessung der Teile maßgebend sind.

Bei den üblichen Festigkeitsrechnungen zur Ermittlung dieser Beanspruchungen entstehen vielfach Zweifel über die Richtigkeit der Ergebnisse. Denn häufig ist man schon beim Ansetzen der Rechnung auf mehr oder weniger zutreffende Annahmen angewiesen, weil sichere Grundlagen fehlen; oft muß man sich mit Näherungsrechnungen begnügen, weil genaue zu schwierig und zeitraubend oder noch nicht bekannt sind. Dabei sind aber die Abweichungen gegenüber der Wirklichkeit schwer zu ermitteln oder selbst nur abzuschätzen. In Zweifelsfällen stellt man die Sicherheit der Teile auch heute noch versuchsmäßig durch Vergleich der Betriebsbelastung mit derjenigen fest, die zum Bruch oder zum Auftreten erster bleibender Formänderungen führt. Richtige Werte für die im ersten Fall zu ermittelnde *Bruchsicherheit* findet man aber nur, wenn die Versuchsbedingungen den Betriebsbedingungen namentlich nach Art der Inanspruchnahme, ob ruhend, schwingend oder wechselnd, entsprechen. Dagegen führen die vielfach üblichen statischen Versuche, besonders im Fall zäher Werkstoffe, häufig zu Fehlschlüssen. Denn die Teile nehmen, wie beispielsweise der Augenstab, Abb. 1 und 2, erkennen läßt, bei allmählicher Steigerung der Belastung bis zum Bruch oft völlig neue Gestalt unter ganz anderer Spannungsverteilung und Beanspruchung an, dadurch, daß der Werkstoff den Zusammenhang solange als möglich zu wahren sucht. Dagegen treten die Brüche bei Dauerbeanspruchung durch wechselnde oder schwingende Kräfte meist ohne irgendwelche Formänderungen bei Spannungen ein, die viel niedriger, oft sogar beträchtlich unter den Fließgrenzen des Werkstoffs liegen.

Wohl aber läßt sich annähernd die *Fließsicherheit*, d. h. die Sicherheit gegen auftretende bleibende Formänderungen, ermitteln durch Vergleich der Belastung, bei der Fließlinien auftreten oder die Walzhaut und der Zunder abspringen [1][1], mit der Betriebsbelastung, weil die Gestalt des Körpers bei den vorangegangenen kleinen, vorwiegend elastischen Formänderungen erhalten bleibt.

Die Spannungen unmittelbar zu messen, ist man nicht in der Lage; man kann sie vielmehr nur an ihren Auswirkungen, insbesondere an den entstehenden Formänderungen durch Dehnungsmessungen, spannungsoptische oder röntgenographische Verfahren erfassen. Während die letzteren aber wegen ihrer schwierigen Handhabung vornehmlich auf wissenschaftliche Stätten beschränkt sind, können Dehnungsmessungen leicht durchgeführt und ausgewertet werden. Sie bieten nicht allein dem Forscher, sondern auch dem Ingenieur und namentlich dem Gestalter ein bequemes Mittel, Höhe und Verteilung der Spannungen an beliebig geformten Maschinen- und Bauteilen zu bestimmen und durchgeführte Festigkeitsrechnungen nachzuprüfen.

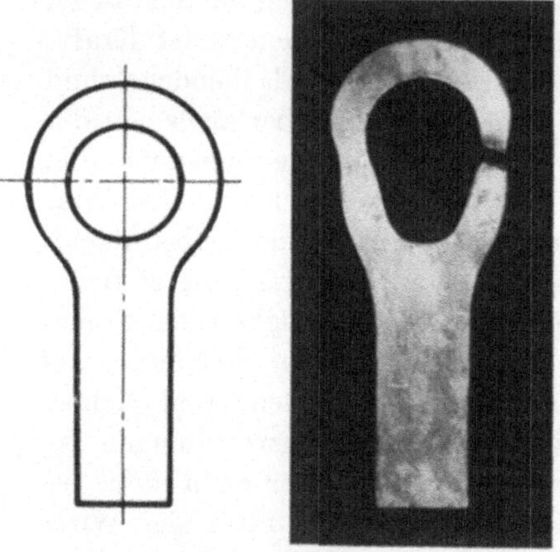

Abb. 1 und 2. Augenstab vor und nach dem Zerreißen.

Dabei kann das Reißlack- oder Dehnlinienverfahren [2] dazu dienen, die Messungen auf die Orte höchster Beanspruchung und ihre Umgebung zu beschränken. Der Körper wird mit dünnen Schichten von Kolophonium oder spröden Lacken überzogen, die bei der allmählichen Belastung des Teiles zuerst an den erwähnten Stellen reißen, Schichten, die entweder unter gleichmäßigem Erwärmen des Körpers durch Aufstreichen oder Aufstreuen des Kolophoniums oder durch Auftragen einer Lösung des Überzugmittels erzeugt werden.

Voraussetzungen für richtige Schlüsse aus Dehnungsmessungen sind:

1. Gleichförmigkeit des Werkstoffes in allen Richtungen, also Isotropie oder Quasiisotropie;

2. die Kenntnis der Beziehungen zwischen den Formänderungen und den Spannungen.

Zu 1) Die meisten Metalle sind, sofern nicht Lunkerbildungen und Porosität auftreten, genügend gleichförmig. Dagegen ist es beispiels-

---

[1] Die schräg zwischen eckigen Klammern stehenden Zahlen beziehen sich auf das Schrifttumverzeichnis am Schluß des Buches.

Zahlentafel 1.

1	2	3	4	5	6	7	8	9	10	11	12	13	14
Werkstoff	Zulässige Belastung σ kg/cm²	Dehnzahl α cm²/kg	$\alpha \cdot \sigma$	Quer- zahl μ	$\dfrac{1}{(1-\mu^2) \cdot \alpha}$	Schubzahl $\beta = 2\alpha(1+\mu)$ cm²/kg	$\dfrac{\mu}{1-\mu}$	$\dfrac{\mu}{1+\mu}$	$\dfrac{1+\mu}{1-\mu}$	$\dfrac{1-\mu}{1+\mu}$	$\dfrac{1+\mu}{1-2\mu}$	$\dfrac{1-2\mu}{1+\mu}$	$\dfrac{\mu}{1-2\mu}$
St 34·11	1900	1/2100000	1/1100	0,30	2310000	1/808000	0,428	0,230	1,857	0,538	3,250	0,308	0,750
St 42·11	2300	1/2100000	1/910	0,30	2310000	1/808000	0,428	0,230	1,857	0,538	3,250	0,308	0,750
St 50·11	2700	1/2100000	1/780	0,30	2310000	1/808000	0,428	0,230	1,857	0,538	3,250	0,308	0,750
St 60·11	3000	1/2100000	1/700	0,30	2310000	1/808000	0,428	0,230	1,857	0,538	3,250	0,308	0,750
St 70·11	3500	1/2100000	1/600	0,30	2310000	1/808000	0,428	0,230	1,857	0,538	3,250	0,308	0,750
Stg 38·81 . . .	1800	1/2100000	1/1170	0,25	2240000	1/840000	0,333	0,200	1,666	0,600	2,500	0,400	0,500
Stg 45·81 . . .	2200	1/2100000	1/980	0,25	2240000	1/840000	0,333	0,200	1,666	0,600	2,500	0,400	0,500
Ge 18·91	0 bis 500 ⎫ bei Zug	1/1100000	1/2200	0,40	1310000	1/394000	0,667	0,286	2,333	0,428	7,000	0,143	2,000
Ge 18·91	0 „ 1000	1/850000	1/850	0,40	1010000	1/304000	0,667	0,286	2,333	0,428	7,000	0,143	2,000
Ge 26·91	0 „ 800	1/1150000	1/1440	0,35	1310000	1/426000	0,539	0,259	2,077	0,481	4,500	0,222	1,170
Ge 26·91	0 „ 1500	1/1100000	1/730	0,35	1260000	1/407000	0,539	0,259	2,077	0,481	4,500	0,222	1,170
Ge 18·91	0 „ 2000 ⎫ bei Druck	1/820000	1/410	0,40	976000	1/293000	0,667	0,286	2,333	0,428	7,000	0,143	2,000
Ge 26·91	0 „ 3000	1/1120000	1/373	0,35	1276000	1/415000	0,539	0,259	2,077	0,481	4,500	0,222	1,170
Aluminium gegossen . . .	500	1/680000	1/1360	0,30	747000	1/261000	0,428	0,230	1,857	0,538	3,250	0,308	0,750
gewalzt . . .	1200	1/760000	1/630	0,34	860000	1/284000	0,515	0,254	2,030	0,492	4,187	0,239	1,063
Duralumin ver- gütet, gewalzt	2400	1/700000	1/290	0,30	770000	1/269000	0,428	0,230	1,857	0,538	3,250	0,308	0,750
Weißes Zelluloid bei 15° C . .	20	1/26600	1/1330	0,39	31400	1/9580	0,640	0,280	2,279	0,438	6,318	0,158	1,773
bei 25° C . .	20	1/21800	1/1090	0,39	25700	1/7850	0,640	0,280	2,279	0,438	6,318	0,158	1,773
Kupfer	1200	1/1150000	1/960	0,34	1300000	1/429000	0,515	0,254	2,030	0,492	4,187	0,239	1,063
Messing	2000	1/900000	1/450	0,33	1010000	1/338000	0,493	0,248	1,985	0,504	3,912	0,256	0,971

weise Holz nicht wegen der großen Dehnzahlunterschiede in den verschiedenen Richtungen zufolge seines faserigen Aufbaues.

Zu 2) Um aus den gemessenen Dehnungen auf die *Spannungen*
schließen zu können, die der Gestalter heute noch zur Beurteilung der
Beanspruchung der Teile heranzuziehen pflegt, ist es notwendig, bei
den Messungen die Grundlagen der üblichen Festigkeitslehre, daß nämlich die Dehn-, Schub- und Querzahlen α, β und μ Festwerte sind, zu
beachten. Die Untersuchungen müssen deshalb im Gebiet unterhalb
der Fließgrenzen des betreffenden Werkstoffes, also unterhalb der
Streck-, Quetsch-, Biege- und Gleitgrenze durchgeführt werden. Verhältnisgleichheit zwischen Spannungen und Dehnungen gilt nämlich
praktisch noch genügend genau bis zu diesen Grenzen, wenn der Werkstoff wiederholt belastet wird. Werden jedoch die Grenzen überschritten, so tritt die Gefahr von Gestaltänderungen mit Spannungsverlage-
rungen ein. Lediglich der Grund von Kerben und scharfen Kehlen
darf höher beansprucht werden, weil dort nur sehr kleine Gebiete über-
lastet werden, wobei sich der Werkstoff verfestigt und bleibende Formänderungen durch die elastischen Rückstellkräfte der Umgebung ein-
geschränkt werden.

Gußeisen zeigt bei erstmaliger Inanspruchnahme durch größere
Spannungen merkbare Änderungen der Dehn- und Schubzahl, also
keine Verhältnisgleichheit zwischen Formänderungen und Spannungen.
Diese stellt sich aber bei wiederholter Belastung hinreichend genau ein,
so daß es sich empfiehlt, gußeiserne Teile vor den Messungen einige
Male 10 bis 20% über den vorgesehenen Meßbereich zu belasten.

Beim Vergleich und bei der Wertung der verschiedenen Werkstoffe
ist das Produkt der Dehnzahl α und der Spannung σ, bis zu der die
Werkstoffe belastet werden dürfen, Spalte 4 der Aufstellung 1 maßgebend. Als höchste zulässige Beanspruchungen sind dort die Streck-
spannungen, bei den angeführten Gußeisensorten aber 1000 und
1500 kg/cm² bei Belastung auf Zug und die doppelt so hohen Werte
bei Inanspruchnahme auf Druck angesetzt, um noch genügend genau
Verhältnisgleichheit zwischen Spannungen und Dehnungen annehmen
zu können.

Nach Aufstellung 1 sind hochwertige Leichtmetallegierungen, wie
Duralumin, für Spannungsermittlungen aus Dehnungsmessungen besonders vorteilhaft.

B. Dehnungsmesser.

Die Dehnungsmessungen werden längs bestimmter Linien durchgeführt, die an stangen- und balkenförmigen Teilen bei einachsigem
Spannungszustande parallel zur Achse, an Platten und Körpern bei
zweiachsigem Spannungszustande an einzelnen Punkten in bestimmten

Richtungen festgelegt werden. Herrscht an der Meßstelle durchweg dieselbe Spannung, so genügen die bei Werkstoffprüfungen üblichen Dehnungsmesser mit größerer Meßlänge, etwa Hebelgeräte nach Art des Martens-Kennedyschen und im Falle von Feinmessungen nach Art des Martens-Spiegelgerätes.

So zeigt Abb. 4 die Anwendung eines Martens-Dehnungsmessers von 15 cm Meßlänge zur Bestimmung der Spannungsverteilung auf dem unteren Flansch eines U-Eisens, das im mittleren Teil CD, Abb. 3, unter der Wirkung des Biegemomentes $P \cdot a$ steht, so daß dort die eben erwähnte Voraussetzung durchweg gleicher Spannungen in den einzelnen Längsfasern erfüllt ist. Auf dem oberen Flansch ist ein Dehnungsmesser von Huggenberger mit größerer Meßlänge aufgesetzt.

Ändern sich dagegen die Spannungen und damit die Formänderungen von Punkt zu Punkt, so sind Dehnungsmesser zu verwenden, die nach drei Gesichtspunkten durchgebildet sind.

1. Sie müssen um so *kürzere* Meßlängen haben, je stärkere Änderungen der Beanspruchung infolge der Krümmung der Oberfläche oder der Wirkung der Kräfte zu erwarten sind, falls nicht das weiter unten beschriebene Differenzenverfahren zur Anwendung kommt, das Dehnungsmesser mit *veränderlicher* Meßlänge verlangt.

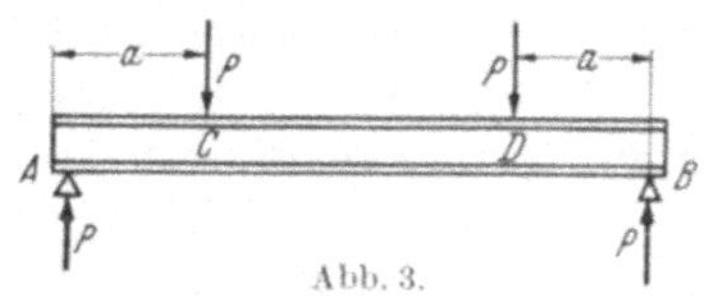

Abb. 3.

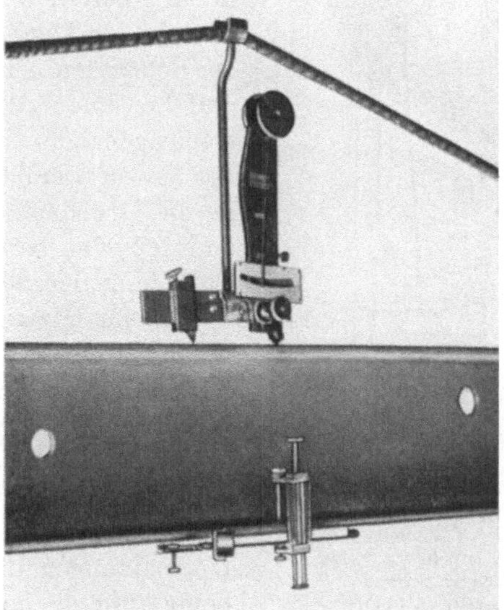

Abb. 4.

Abb. 3 und 4. Tensometer und Martens-Gerät zur Bestimmung der Formänderungen infolge Biegung zwischen C und D.

2. Ausreichender Genauigkeit halber müssen die Messer genügend große Übersetzungen, z. B. durch Hintereinanderschalten von mehreren Hebelsystemen besitzen.

3. Es ist zweckmäßig, die Messer als *Spitzen*geräte auszuführen, um die Formänderungen längs bestimmter Linien zu erfassen. Etwaige Schneiden dürfen höchstens $^1/_2$ mm breit sein. Sollen Fehlmessungen vermieden werden, so sind diese Schneiden und Spitzen sorgfältig auf

ihren Zustand hin zu beobachten und nachzuprüfen, weil Abnutzungen
derselben Änderungen des Übersetzungsverhältnisses bedingen.

Bei Dehnungsmessungen nach verschiedenen Richtungen in bestimmten Punkten eines Körpers empfiehlt es sich, Kreise um diese
Punkte mit der halben Meßlänge zu schlagen und die Meßrichtungen
anzureißen, um das richtige Ansetzen der Geräte zu erleichtern. Vorteilhaft kann dabei sein, die feste Spitze des Messers in einem leichten
Körner mit genügend großem Öffnungswinkel festzuhalten.

Wichtig ist der Zustand der Körperoberfläche.
Die Meßstellen sollen von der Gußhaut oder von
Zunder befreit und, wenn irgend möglich, bearbeitet sein, da Unebenheiten leicht zu Verlagerungen
der Schneiden bei den Be- und Entlastungen führen
und die Genauigkeit der Messungen erheblich beein-
trächtigen können. Selbst zu scharfes Eindrücken
der Messer, derart, daß die Schneiden oder Spitzen
in die Oberfläche eindringen, ist schädlich, weil
dadurch die beim Messen notwendige kippende
Bewegung der Schneiden behindert wird.

In den letzten Jahren ist eine Reihe von gut
brauchbaren Dehnungsmessern bekannt geworden.
Einige kennzeichnende Bauarten sind im folgenden
beschrieben. Bequemer Handhabung wegen sind
heute in erster Linie solche mit mehreren hinter-
einandergeschalteten Hebeln im Gebrauch, weil
Spiegelgeräte zwar den Vorteil masseloser großer
Übersetzungen bieten, aber Geschick und Sorgfalt
beim Ansetzen der Schneiden und beim Einstellen
der Spiegel auf die Meßlatten verlangen.

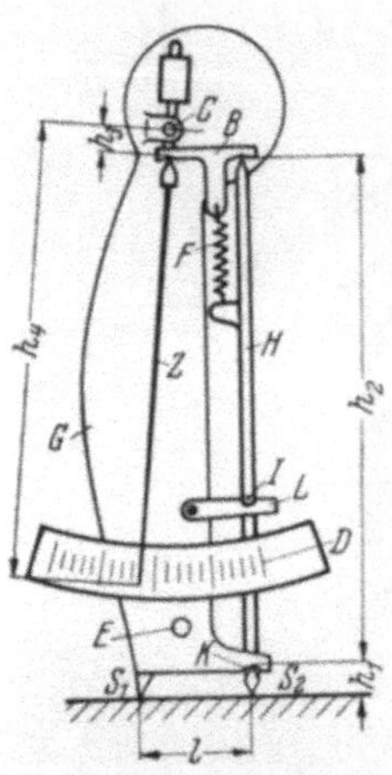

Abb. 5. Tensometer von
HUGGENBERGER.

G Gestell, S_1 feste Schneide, S_2 bewegliche Schneide, K Kimme, H Hebel,
B Brücke, Z Zeiger, D
Teilung, F Feder, I Halte-
stift, L Sperrhebel.

Sorgfältig durchgebildet und leicht anzuwenden ist das Tensometer
von HUGGENBERGER, Zürich, Abb. 5 [3]. An dem Gestell G sitzt die
feste Schneide S_1, während die bewegliche S_2 den Veränderungen der
Meßlänge l durch Kippen in der Kimme K folgt. Ihr Ausschlag wird
durch den Hebel H, im Verhältnis h_2/h_1 vergrößert, auf die Brücke B
übertragen, die ihrerseits den Zeiger Z mitnimmt, der um den Punkt C
schwingt. Sein Ausschlag gibt auf der Teilung D die Verlängerung der
Meßstrecke im Verhältnis $h_2/h_1 \cdot h_4/h_3$ vergrößert an. Um parallaktische
Fehler auszuschalten, ist D mit Spiegelbelag versehen. Feder F drückt
die Brücke B gegen die Schneiden am Hebel H und am Zeiger Z. Zur
Erleichterung des Aufsetzens des Messers kann der Hebel H in seiner
Mittellage durch den Stift I in der Kehle des Sperrhebels L gehalten
werden. Die Bohrung E dient zum Anpressen des Messers am Ver-
suchsstück. Bei Meßlängen von 20 mm wird der Messer mit etwa

1200facher Übersetzung, bei solchen von 10 mm mit rund 2000facher Vergrößerung ausgeführt.

Durch Verlängerungsstangen, Abb. 4, die am Gestell unter Entfernen oder Abheben der festen Schneide S_1 angeschlossen werden, wird der Dehnungsmesser auch für größere Meßlängen geeignet und für das unten erläuterte Differenzenverfahren verwendbar. Die jeweils benötigte Meßlänge stellt man zweckmäßig an Hand eines Metallmaßstabes bei Festlegen der beweglichen Schneide mittels des Sperrhebels L ein, wobei sich die Länge durch Eindrücken der Spitzen in Papier leicht nachprüfen läßt. HUGGENBERGER verschiebt den Schlitten mittels einer Mikrometerschraube.

Auf Grund der Erfahrungen im Institut für Werkstoffkunde Aachen ist beim Gebrauch zu beachten, daß die Dehnungsmesser möglichst nur längs der Meßlinie gehalten und angepreßt werden. So haben sich Befestigungen nach Abb. 6 bis 8 gut bewährt. Im ersten Fall wird das Gestell des Messers G durch die Feder F und eine gekröpfte Stange S gegen einen Bügel D oder eine Gummischnur, Abb. 4, abgestützt, die den zu untersuchenden Körper überspannen. Damit der Anpreßdruck auch bei Änderungen der Lage des Tensometers und des Stützpunktes praktisch unverändert bleibt, muß die Feder F weich sein.

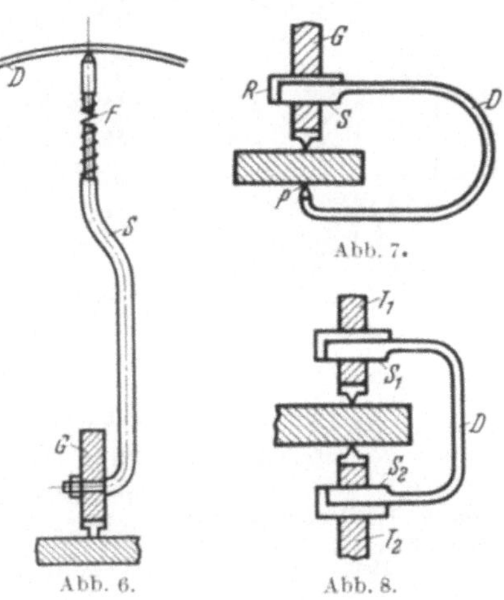

Abb. 6, 7 und 8. Tensometer-Anspannvorrichtungen.

In Abb. 7 wird das Tensometergestell G durch einen federnden Draht D, der an einem Ende mit der Spitze P oder einer Stellschraube versehen, am anderen zu einer Schneide S ausgearbeitet ist, an einem plattenförmigen Teil längs der Meßstrecke angepreßt. Seitliches Kippen ist dadurch verhindert, daß die Schneide S mit ihrer ganzen Länge in einem Rohrstück R liegt, das in die Bohrung E des Gestells, Abb. 5, oder in die Verlängerungsstange des Tensometers, Abb. 4, gesteckt ist. In ähnlicher Weise lassen sich selbst zwei Tensometer T_1, T_2 einander gegenüber nach Abb. 8 auf platten- oder stabförmigen Proben mit einem Draht D halten, der an beiden Enden zu Schneiden S_1 und S_2 ausgearbeitet ist.

Auch zwei gleich stark über einem Querstift in der Bohrung E des Tensometergestells, Abb. 5, gespannte Gummischnüre können vorteilhaft zum Anpressen an räumlichen Körpern verwendet werden, derart, daß der Messer nur längs der Meßstrecke anliegt.

Dagegen haben Abstützungen in einem dritten seitlich gelegenen Punkt zufolge der Verschiebungen, die dieser Punkt bei Formänderungen erfährt, häufig zu fehlerhaften Ergebnissen geführt.

Wenn der Zeiger bei Freigabe des Sperrhebels L, Abb. 5, ausschlägt, so deutet das darauf hin, daß die Schneiden nicht ohne Zwang angesetzt waren oder gerutscht sind. Meist sind Fehlmessungen unter allmählich weiterer Verlagerung der Schneiden die Folge. Es empfiehlt sich, kleine Ausschläge durch leichtes Klopfen neben dem Tensometer auf ihren Endwert zu bringen, sonst aber den Messer erneut anzusetzen, bis jener Ausschlag nicht mehr auftritt. Bei Be- und Entlastungen in bestimmten Grenzen muß der Zeiger stets dieselben Werte angeben.

Zur Ermittlung von Spannungsspitzen sind Geräte mit sehr kleinen Meßlängen zu verwenden.

Einen solchen Feindehnungsmesser hat Dr. Lehr für Meßstrecken von 1 bis 2 mm Länge, Abb. 9, bei 10000- bis 100000facher Vergrößerung des Ausschlages durchgebildet[1]. Die Längenänderung der Meßstrecke zwischen der festen Spitze b und der beweglichen c wird zunächst über das Rähmchen d, Stoßband e und Hebel f auf eine Steuerfahne g bei etwa 50facher Vergrößerung übertragen. Mit dem Gestell a fest verbunden ist die Gegenfahne h, die mit g einen Spalt bildet, der von dem Lichtstrom der Lampe i mit vorgeschaltetem Kondensor k durchflutet wird. Die Veränderungen der Meßstrecke und damit des Lichtstromes im Spalt werden von einer Sperrschichtphotozelle l aufgenommen und erzeugen in der Zelle einen verhältnisgleichen elektrischen Strom, der mit einem Mikroamperemeter gemessen wird.

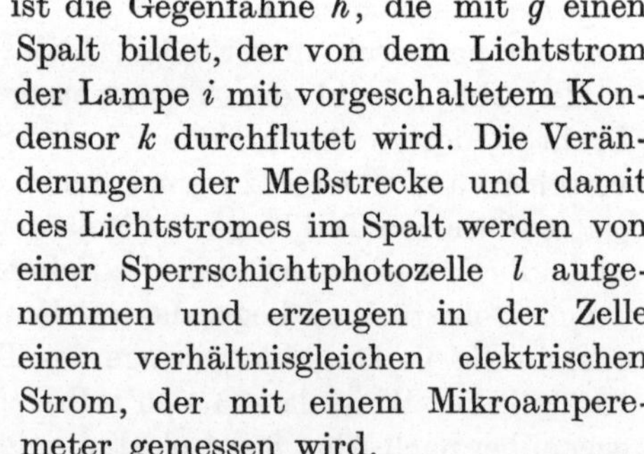

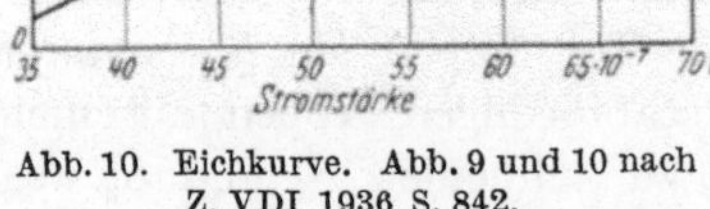

Abb. 9. Feindehnungsmesser von Lehr mit 1 bis 2 mm Meßlänge.

Abb. 10. Eichkurve. Abb. 9 und 10 nach Z. VDI 1936 S. 842.

Aus der Eichkurve des Gerätes, Abb. 10, erkennt man die lineare Abhängigkeit der Dehnung ε von dem Ausschlag des Amperemeters.

Um einwandfreie Ergebnisse zu erhalten, darf der Heizstrom der Lampe während des Versuches keinen Schwankungen unterliegen, die

[1] Hersteller: Askania-Werke G. m. b. H., Berlin-Friedenau.

der Strommesser ebenfalls anzeigen würde. Ferner muß die Aufspannung des Gerätes mit großer Sorgfalt durchgeführt werden. Zu diesem Zwecke körnt man die Meßstellen mit einem genau auf Spitzenentfernung abgerichteten Doppelkörner vor. Die Aufspannbügel greifen mit Pfannen in Schneiden ein, die seitlich am Gerät angebracht sind; sie müssen mit ihren Gegenspitzen möglichst genau in der Mittelsenkrechten der Meßstrecke den Gerätespitzen gegenüber angesetzt werden [4].

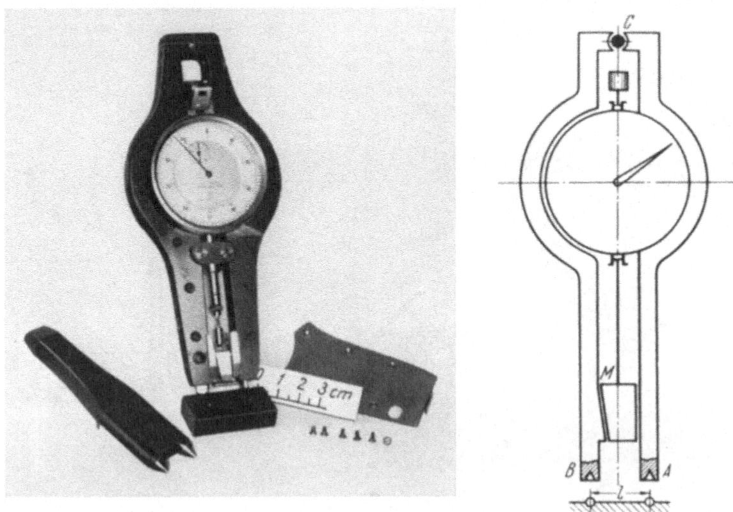

Abb. 11 und 12. Setzdehnungsmesser nach Prof. SIEBEL, Mahr, Eßlingen.

Setzdehnungsmesser. Der Grundgedanke ist, durch Körner, eingesetzte Stifte oder Kugeln die Meßstrecken dauernd festzulegen und ihre Änderungen unter Aufsetzen ein und desselben Dehnungsmessers zu verfolgen. Durch Doppelkörner oder an Hand von Lehren werden die Meßstrecken praktisch gleich lang gemacht. Ihre Größe im unbelasteten Zustande oder unter der Anfangsbelastung des Versuchsstückes ist genau zu bestimmen, um von ihr bei der Berechnung der Dehnungen ausgehen zu können.

Ein Beispiel bietet der Setzdehnungsmesser von Prof. SIEBEL[1] für 20 mm Meßlänge bei 500facher Vergrößerung des Ausschlags, Abb. 11 und 12. Gehärtete Stahlkugeln von $^1/_{16}''$ ⌀ werden mittels eines Doppelkörners und eines Döppers in das zu untersuchende Stück derart eingeschlagen, daß sie sicher festgehalten werden, aber nahezu halbkugelig aus der Meßfläche hervorragen. Auf sie setzen sich die Füße des Dehnungsmessers mit kegeligen Vertiefungen auf. Der eine Fuß A ist fest mit dem Gestell verbunden, der andere B um C beweglich. Er

---

[1] Hersteller: Mahr, Eßlingen.

stellt sich je nach der augenblicklichen Länge der Meßstrecke l mehr
oder weniger schräg ein, wobei seine Spreizung und damit die Ver-
änderung der Ausgangsstrecke mittels des Meßkeils M auf eine Meßuhr
übertragen wird.

Der Messer wird unter Anheben des Keils auf die Kugeln aufgesetzt
und der Keil dann niedergelassen. Durch gleichmäßig verteilten Druck
auf beide Füße und leichtes Kippen senkrecht zur Meßrichtung wird
die genaue Einstellung erreicht.

Abb. 13 und 14. Setzdehnungsmesser Mahr, Eßlingen.

Für Meßlängen von 20 bis 70 mm hat MAHR einen Setzdehnungsmesser nach Abb. 13 und 14 entwickelt. Der feste Fuß F ist durch
Austausch der Ringe R verschiebbar. Stift T und die Ringe sichern
die jeweils eingestellte Meßlänge. Winkelhebel H überträgt die Verlagerungen des beweglichen Fußes F_1 auf den Zapfen Z der Meßuhr M
mit $^1/_{1000}$ mm Teilung.

Setzdehnungsmesser dienen u. a. zum Bestimmen der Schweißspan-
nungen in Blechen, indem eine genügende Zahl von Strecken vor und
nach dem Schweißen vermessen wird.

Als Beispiel eines Spiegelapparates kurzer Meßlänge sei der von
MATHAR [5] bei der Untersuchung von Stangenköpfen benutzte, Abb. 15,
beschrieben. Es ist ein Zweispitzengerät für $l = 8$ bis 10 mm Meßlänge,
das aus der Meßbrücke A mit der festen Schneide B und der beweglichen Schneide C besteht, die in einer Kimme der Brücke kippt, wenn
sich l ändert. C trägt an einem Arm den Spiegel D, der den Sehstrahl
des Fernrohres F_1 auf die Meßlatte E zurückwirft. Bei Schneidenstärken

$s = 4{,}5$ mm, Lattenabständen $L = 3 \ldots 8$ m und Verwendung von Fernrohren mit 40facher Vergrößerung lassen sich Übersetzungen $u = 2\,L/s$ von etwa $1300 \ldots 3500 : 1$ erreichen. Angesetzt wird das Gerät zweckmäßig unter Vermeidung des Kippens in ähnlicher Weise, wie an Abb. 7 beschrieben. Bei den sehr kleinen Formänderungen sind die Verlagerungen des Gerätes im Raume auf den Oberflächen der Versuchskörper zu berücksichtigen. Dazu dient ein Raumspiegel F auf der Brücke A, dessen Ausschläge durch ein zweites Fernrohr F_2 verfolgt werden. Zeigen die Ausschläge am Meß- und am Raumspiegel den gleichen Sinn, so ergibt die Differenz, andernfalls die Summe der Werte die Formänderungen der Meßstrecke.

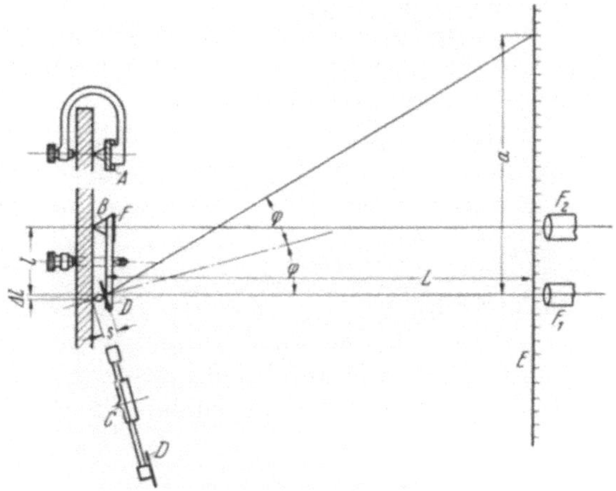

Abb. 15. Zweispitzengerät von MATHAR.
A Meßbrücke, B feste Schneide, C bewegliche Schneide, D Meßspiegel, E Meßlatte, F Raumspiegel, s Schneidenstärke, L Fernrohrabstand, F_1, F_2 Fernrohre.

An stangenförmigen, durch reine Längskräfte beanspruchten Teilen kann der Verlagerungsfehler in der sonst üblichen Weise durch Verwenden zweier Messer einander gegenüber unter Mittelbildung aus den Ablesungen beseitigt werden.

Wegen weiterer Dehnungsmesser vgl. [6].

C. Genauigkeit der Dehnungsmessungen.

Die Genauigkeit, mit der die Formänderungen und Spannungen ermittelt werden können, hängt von der Meßlänge l, der Übersetzung u und dem Betrag a des Ausschlages, der noch sicher auf der Meßteilung des Gerätes abgelesen werden kann, ab, vorausgesetzt, daß die Messer ohne jedes Spiel arbeiten und sonstige Fehler vermieden sind. Die Ablesung a entspricht einer Verlängerung der Meßstrecke $\lambda = a/u$, einer Dehnung

$$(1) \qquad \varepsilon = \lambda/l = a/u\,l$$

und einer Spannung

$$(2) \qquad \sigma = \varepsilon/\alpha = a/\alpha\,u\,l.$$

Ist beispielsweise die Meßlatte mit einer Millimeterteilung versehen, so kann man Fünftel, höchstens Zehntel Millimeter schätzen, also bei

$l = 20$ mm Meßlänge und einer Übersetzung $u = 1250 : 1$ die Dehnung bei einer einzelnen Messung noch mit $\varepsilon = a/u\,l = 0{,}2/1250 \cdot 20 = 0{,}000008$ oder $0{,}0008\%$ erfassen. Im Falle von Stahl entspricht die Schätzung von $^1/_5$ mm einer Spannung von $\sigma = \varepsilon/\alpha = 0{,}000008 \cdot 2\,100\,000 = 17$, von $^1/_{10}$ mm $8{,}5$ kg/cm².

Ist die Beanspruchung eines Bauteils an irgendeiner Stelle 1000 kg/cm², so läßt sich die Spannung mit $(17/1000)\ 100 = 1{,}7\%$ (bestenfalls mit $0{,}85\%$) Genauigkeit finden.

Will man Spannungen von 500 kg/cm² an einem Konstruktionsteil aus Duralumin mit 1% oder $\sigma = 5$ kg/cm² Genauigkeit bestimmen, so ist bei der gleichen Übersetzung eine Meßlänge von mindestens

$$l = \frac{a}{\alpha\,u\,\sigma} = \frac{0{,}2 \cdot 700\,000}{1250 \cdot 5} = 22{,}4\ \text{mm}$$

erforderlich.

Wie sich die Genauigkeit durch Wiederholungen der Messungen und Ausgleich der Einzelbeobachtungen erhöhen und der wahrscheinlichste Wert des Ergebnisses ermitteln läßt, ist in Abschnitt O näher behandelt.

D. Differenzenverfahren nach Rühl-Fischer.

Um die Dehnungen an einer längeren Strecke AB, Abb. 16, zu ermitteln, benutzten Rühl [7] und Fischer [8] Messer mit veränderlicher Meßlänge. Die eine Schneide wird während der ganzen Untersuchung an dem einen Ende der Strecke, z. B. in A belassen, die andere in verschiedenen Punkten $C, D \ldots B$ angesetzt und die Verlängerung λ der jeweiligen Strecke ermittelt. Trägt man λ über den zugehörigen Punkten $C, D \ldots B$ auf, so findet man die mittlere örtliche Dehnung aus dem Verhältnis der Differenzen der Ordinaten und Abszissen über den Teilstrecken, z. B. über EF

$$(3) \qquad \varepsilon_{EF} = \varDelta\lambda/\varDelta l$$

oder den genauen örtlichen Wert in einem beliebigen Punkte an Hand der Tangente an der Kurve. Z. B. ist im Punkte D

$$(4) \qquad \varepsilon_D = \operatorname{tg}\delta_D = d\lambda/dl\,.$$

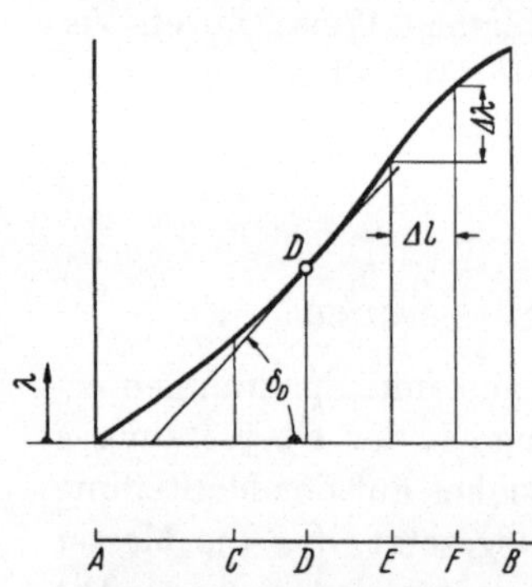

Abb. 16. Zum Differenzenverfahren nach Rühl-Fischer.

Zur Ermittlung der Tangente leistet ein Spiegel gute Dienste, der in dem betreffenden Punkte aufgesetzt und so eingestellt wird, daß die Kurve und ihr Spiegelbild stetig, also ohne Knick verlaufen. Die Spiegelebene gibt die Normale der Kurve, das Lot darauf die gesuchte Tangentenrichtung an. Je steiler die Tangente ist, desto größer ist die Dehnung. Abszissen- und Ordinatenmaßstab wählt man leichter und genauer Auswertung wegen zweckmäßig so, daß die Kurve unter etwa 45° gegenüber der Abszissenachse verläuft. Handelt es sich um die Bestimmung der Dehnungsspitze im Scheitel einer Kerbe, so wird man suchen, die Tangente in diesem Punkte unter rund 45° zu bekommen.

Ist in Abb. 16 der Abszissenmaßstab 1 cm $= a$ cm, der Ordinatenmaßstab 1 cm $= b$ cm, so ist die Dehnung

$$(5) \qquad \varepsilon_D = \operatorname{tg} \delta_D \cdot b/a \,.$$

Beispielsweise wird bei $a = 1$ cm, $b = 1 \cdot 10^{-3}$ cm und $\operatorname{tg} \delta = 1{,}13$

$$\varepsilon_D = \operatorname{tg} \delta_D \cdot \frac{b}{a} = 1{,}13 \cdot \frac{0{,}001}{1} = 0{,}00113 \text{ oder } 0{,}113 \%.$$

Dr.-Ing. Fischer [8] hat das Verfahren unter Vereinfachung des Meßgerätes benutzt, um die Dehnung im Scheitel von Kerben auf Biegung beanspruchter Balken nach Abb. 17 zu untersuchen. Die Messungen wurden längs der Kerbscheiteltangente ACB unter Verringerung der Teilstrecken nahe C auf Bruchteile eines Millimeters durchgeführt und aus der Neigung der Tangente der λ-Kurve im Punkte O über dem Kerbscheitel die größte Dehnung $\varepsilon_{\max}$ und damit die an der Stelle herrschende Spannung $\sigma_{\max} = \varepsilon_{\max}/\alpha$ gefunden, weil die Scheiteltangente am Kerb auch Hauptspannungsrichtung ist. Führt man die Messungen über den Kerbscheitel hinweg fort, so wird bei symmetrischer Gestalt der Kerbe quer zur Balkenachse die Richtigkeit der Messungen bestätigt, wenn die beiden Äste der λ-Kurve im ersten und dritten Quadranten I und III kongruent sind.

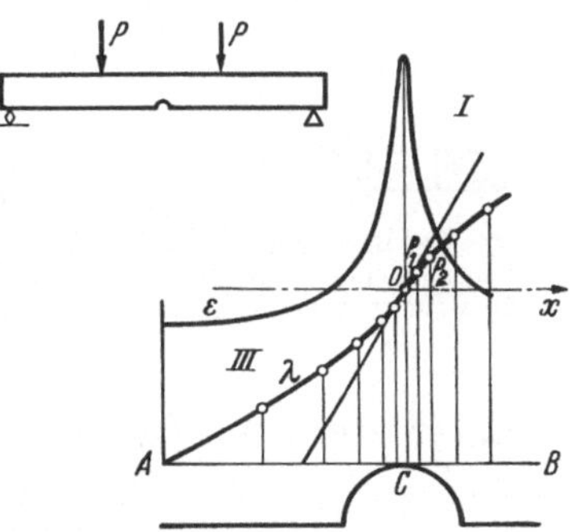

Abb. 17. Ermittlung der Dehnung im Scheitel von Kerben an einem auf Biegung beanspruchten Balken.

Um Meßfehler auszumerzen, empfiehlt es sich, die Meßpunkte in gleichen Abständen zur Symmetrielinie zu wählen und die Ergebnisse an einander entsprechenden Punkten durch Mittelung auszugleichen.

Macht das Ziehen der Tangente im Punkte O Schwierigkeiten, so empfiehlt Fischer die rechnerische Bestimmung des Scheitelwertes $\varepsilon_{\max}$. Er drückt die Kurve, bezogen auf den Wendepunkt O, näherungsweise durch die Gleichung

$$(6) \qquad x = a\lambda^3 + b\lambda$$

aus, bestimmt a und b aus den Koordinaten der nächstliegenden Punkte P_1 und P_2 und findet

$$(7) \qquad \varepsilon = \frac{d\lambda}{dx} = \frac{1}{3a\lambda^2 + b} \,.$$

Für den Scheitel gilt $x = 0$, $\lambda = 0$ und damit

(8) $$\varepsilon_{max} = 1/b.$$

Beispiel 1. Im Falle von Abb. 17 waren die Koordinaten
des Punktes P_1: $x_1 = 0,5$, $\lambda_1 = 30 \cdot 10^{-5}$ mm,
des Punktes P_2: $x_2 = 1$, $\lambda_2 = 52,5 \cdot 10^{-5}$ mm.

Mithin ist nach Gleichung (6)

$$0,5 = a(30 \cdot 10^{-5})^3 + b \cdot 30 \cdot 10^{-5}$$

und

$$1 = a(52,5 \cdot 10^{-5})^3 + b \cdot 52,5 \cdot 10^{-5}.$$

Daraus ergibt sich $a = 1,28 \cdot 10^9$, $b = 1,55 \cdot 10^3$ und

$$\varepsilon_{max} = 1/b = 1/1,55 \cdot 10^3 = 0,000645 \text{ oder } 0,0645\%.$$

Das Differenzenverfahren gestattet auch, die Kerbwirkung sowie die Dehnungs- und Spannungsverteilung im gefährlichen Querschnitt gelochter Streifen, Abb. 18, die auf Zug beansprucht sind, zu verfolgen. Während man die Dehnungen in den äußeren Fasern des Stabes bei den angegebenen Abmessungen der Probe mit Messern von 10, selbst 20 mm Meßlänge genügend genau bestimmen kann, muß man am Lochrand das Differenzenverfahren zwischen A und B anwenden, um den Größtwert zu erfassen.

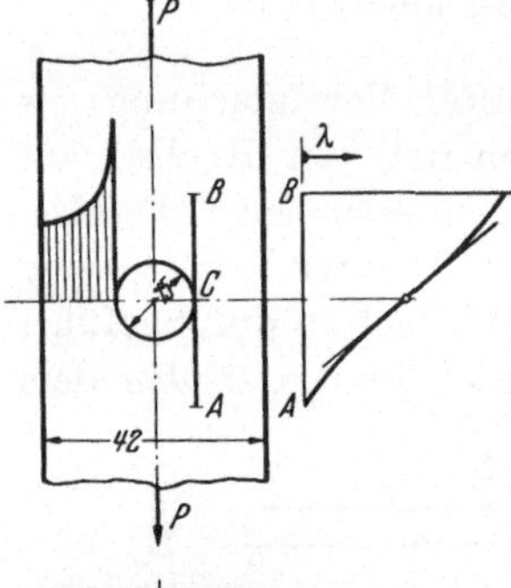

Abb. 18. Ermittlung der Dehnungsverteilung im gefährlichen Querschnitt gelochter Streifen.

E. Weitere Verfahren zur Ermittlung von Formänderungen und Spannungen.

An manchen Teilen, wie an eingezogenen Schrauben, lassen sich Dehnungsmesser nicht unmittelbar anbringen. Dann können Mikrometer oder Minimeter, die auf den Stirnflächen aufgesetzt werden, dazu dienen, die beim Anziehen und im Betrieb auftretenden Formänderungen zu messen und Rückschlüsse auf die Beanspruchung zu ziehen. Hierbei gestatten kleine Stahlkugeln, die man in die oft nicht hinreichend genauen Stirnflächen eintreibt oder dort auflötet und über deren Scheitel man mißt, die Genauigkeit der Untersuchung wesentlich zu steigern.

In gleicher Weise haben C. Bach und R. Baumann [9] die Längsspannungen in warmeingezogenen Nieten durch die Verkürzungen bestimmt, die bei Wegnahme des Bleches um die Niete herum auftreten.

Sicherer lassen sich die Wirkungen äußerer Kräfte an Schrauben nach Abb. 19 an Hand von zwei auf den Stirnflächen befestigten Stäben a und b verfolgen, an denen Dehnungsmesser in verschiedenen Abständen von der Schraubenmitte, z. B. in den Ebenen *I* und *II*, angesetzt werden. Solche Messungen gestatten nicht allein die Zugspannungen, sondern auch die sehr häufig auftretenden Nebenbeanspruchungen auf Biegung in der Ebene der Stäbe a und b zu ermitteln.

An auf Biegung beanspruchten Achsen, Abb. 20, können die elastischen Formänderungen und daraus die Spannungen an Hand der Biegewinkel γ_1 und γ_2 ermittelt werden, die über Spiegel S auf den Endflächen der Achse durch Fernrohre F an Maßstäben M beobachtet werden.

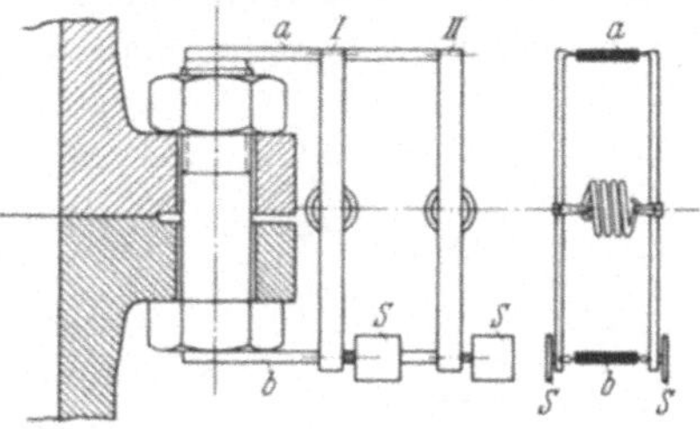

Abb. 19. Dehnungsmessungen an Schrauben.

So läßt sich z. B. die Größe der Kraft X in den Abständen a und b von den Auflagern A und B aus

$$\operatorname{tg}(\gamma_1 + \gamma_2) \sim \gamma_1 + \gamma_2 = \alpha \int \frac{M_x}{J_x}\, dx = \alpha \cdot X \int \frac{M_{1x}}{J_x}\, dx \,,$$

$$X = \frac{\gamma_1 + \gamma_2}{\alpha \mathfrak{F}}$$

finden, wenn $\mathfrak{F}$ der Inhalt der durch die Krafteinheit bedingten M_{1x}/J_x Fläche ist. Aus X lassen sich aber die an der Achse in beliebigen Querschnitten wirkenden Biegemomente und Spannungen berechnen.

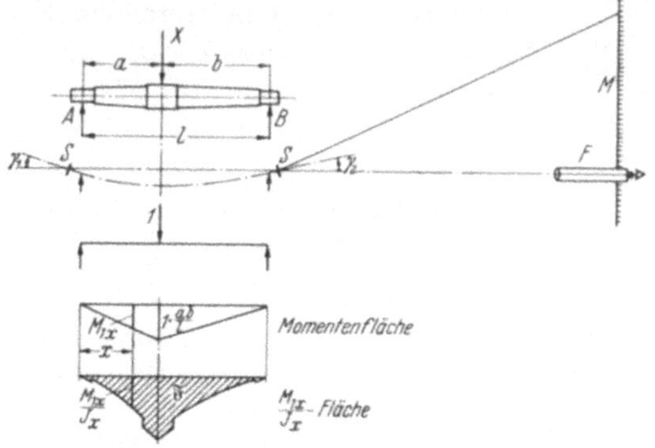

Abb. 20. Zur Ermittlung der Belastung X.

In entsprechender Weise können Drehmomente an Wellen durch Messen der Verdrehungswinkel zwischen bestimmten Punkten ermittelt werden.

Modelle aus weichem Gummi können sehr gut dazu dienen, die Art der Formänderungen und des Kraftflusses zu veranschaulichen, gestatten aber nur näherungsweise Rückschlüsse auf die Spannungsverteilung zu ziehen, weil der Kraftfluß sich bei größeren Verformungen verlagert und das Hookesche Gesetz nicht mehr gilt [*10, 11*].

F. Verformungs- und Spannungszustände.

In jedem Körper, Abb. 21, an dem äußere Kräfte angreifen, die sich das Gleichgewicht halten, entstehen auch innere Kräfte, wie sich nachweisen läßt, wenn man den Körper durch einen Schnitt $I—I$ in

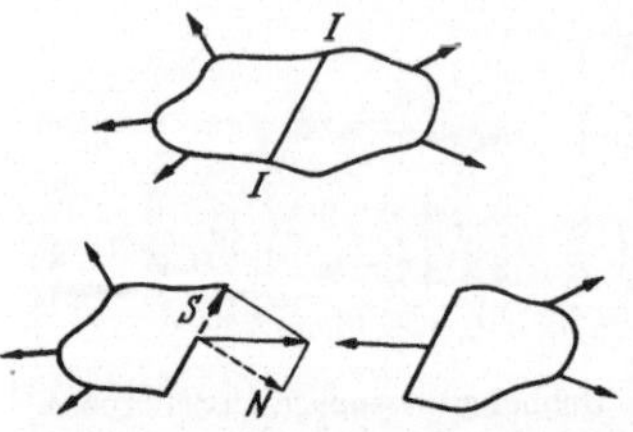

Abb. 21. Entstehung innerer Kräfte.

zwei Teile zerlegt. Die an einem der Teile wirkende *innere Kraft* kann in die *Normalkraft* N senkrecht zum Schnitt und in die *Schubkraft* S in der Schnittfläche zerlegt werden. Auf die Flächeneinheit bezogen, entsprechen der inneren Kraft die *Spannung* ϱ, den Teilkräften die *Normalspannung* σ und die *Schubspannung* τ, vgl. den MOHRschen Spannungskreis, Abb. 22.

Abb. 22. Spannungskreis.

Die durch Kräfte bedingten *Formänderungen* eines Körpers sind durch die *Verlagerungen*, die die einzelnen Punkte erfahren, gekennzeichnet. Sie zerfallen in *Längsverschiebungen* in Richtung der Normalkraft (Verlängerungen oder Verkürzungen des Werkstoffs) und in *Querverschiebungen* senkrecht dazu.

Den Spannungen entsprechen die spezifischen, an einem Körperelement von der Seitenlänge oder dem Halbmesser 1 auftretenden Formänderungen. Sie seien als *Verformungen* bezeichnet, zerfallen in die *Dehnung* ε und die *Schiebung* γ und können im *Verformungskreis*, Abb. 23, dargestellt werden, in welchem sich ε und $\gamma/2$ zur *Verzerrung* v zusammensetzen. So entsteht folgendes System von Begriffen und Bezeichnungen:

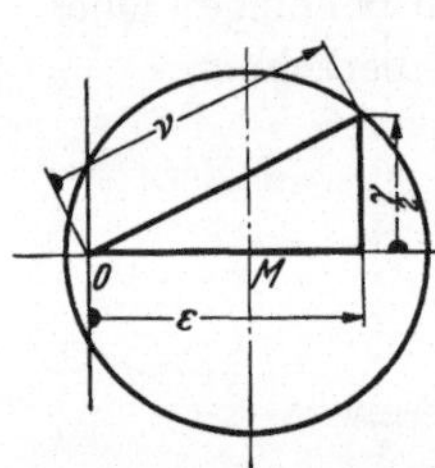

Abb. 23. Verformungskreis.

Aufstellung 2.

Kraft	$\left\{\begin{array}{l}\text{Normalkraft}\\ \text{Schubkraft}\end{array}\right.$		Spannung ϱ	$\left\{\begin{array}{l}\text{Normalspannung } \sigma\\ \text{Schubspannung } \tau\end{array}\right.$

Formänderung
Verformung = spezifische Formänderung

Verlagerung	$\left\{\begin{array}{l}\text{Längsverschiebung}\\ \text{Querverschiebung}\end{array}\right.$		Verzerrung v	$\left\{\begin{array}{l}\text{Dehnung } \varepsilon\\ \text{Schiebung } \gamma\end{array}\right.$

Die Spannungszustände können ein- oder zweiachsig (eben) oder dreiachsig (räumlich) sein; die zugehörigen Verformungszustände sind stets dreiachsig. Z. B. unterliegt ein in seiner Längsachse auf Zug beanspruchter gerader Stab einachsiger Spannung, erfährt aber nicht allein Verlängerungen in Richtung seiner Achse, sondern auch Querzusammenziehungen senkrecht dazu, also räumliche Verformungen. Den

Beanspruchungszustand, den man aus den an den Stab- und Körper-oberflächen durchgeführten Dehnungsmessungen ermittelt, sieht man gewöhnlich als eben (ein- oder zweiachsig) an. Das setzt voraus, daß Oberflächenkräfte fehlen, was an den Meßflächen meist zutrifft und daß der Bereich der Messungen an den einzelnen Punkten genügend genau durch die Berührungsebene ersetzt werden darf.

Dabei bleiben aber die *in der Wandung* entstehenden Verformungen und Spannungen außer Betracht, die manchmal größer als diejenigen auf der Oberfläche und damit für die Beanspruchung entscheidend sind, wie des näheren in Abschnitt L ge-zeigt wird. Die größten Spannungen *in* der Wandung, die, wo nötig, schon in den folgenden Abschnitten angegeben sind, lassen sich jedoch aus den Haupt-spannungen auf der Oberfläche herleiten.

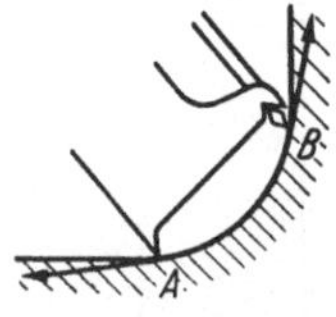

Abb. 24. Zur Messung in scharfen Kehlen.

In scharfen Kehlen wird der Spannungszustand da-durch verwickelt und schwer erfaßbar, daß die Span-nungen in den Ansetzpunkten A und B des Messers, Abb. 24, verschiedene Richtungen haben. Ermittlungen längs der Sehne AB sind irreführend; wohl aber können die Dehnungen längs der Kehle an ebenen Proben durch Differenzenmessungen auf mehreren Tangenten genau gefunden werden, sofern nicht andere Verfahren, wie das spannungsoptische, vor-zuziehen sind, das freilich Durchsichtigkeit der Versuchsstücke voraus-setzt.

a) Der ebene Verformungszustand.

Gleichförmigkeit des Werkstoffes vorausgesetzt, nimmt ein ebenes kreisförmiges Oberflächenelement, Abb. 25, unter der Wirkung beliebi-ger, in der Ebene wirkender Spannungen elliptische Gestalt an, deren große und kleine Achse in Rich-tung der Hauptdehnungen und -spannungen liegen. Ein Punkt P auf dem Umfang des Kreises, der auf dem Strahl OP unter dem Winkel φ gegenüber der einen Hauptachse liegt, werde durch die im Punkte P herrschende Normalspannung nach P_1, durch die Schubwirkung nach P_2 ver-lagert. P_2 liegt auf der erwähnten Ellipse.

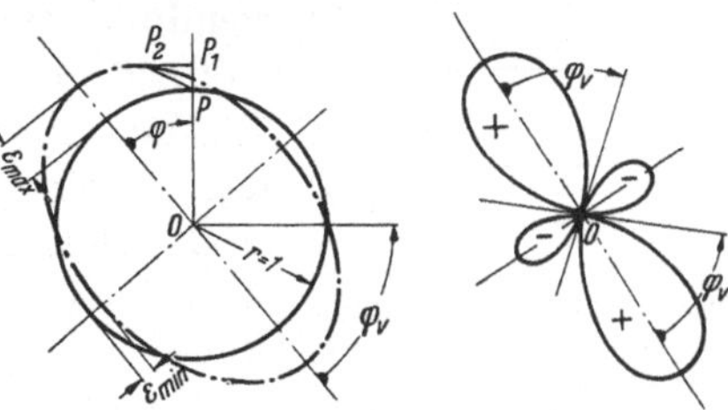

Abb. 25 und 26. Verformung eines kreisförmigen Elements.

PP_1 gibt, falls der Halb-messer des Kreises $r = 1$ ist, die Dehnung ε_φ des Werkstoffes unter dem Winkel φ an. Sie ist positiv, entsprechend einer Reckung der Faser, zu rechnen, wenn P_1 weiter von O abliegt als P, negativ, einer Stauchung gemäß anzusetzen, wenn P_1 innerhalb des Kreises liegt.

$P_1 P_2$ stellt die halbe Schiebung $\gamma_\varphi/2$ dar, der das Element unterliegt. PP_2 ist die oben erwähnte Verzerrung v_φ.

Daß für die Verlagerung des Punktes P nur die *halbe* Schiebung in Betracht kommt, läßt sich anschaulich an Abb. 27 zeigen. Ihm liegt

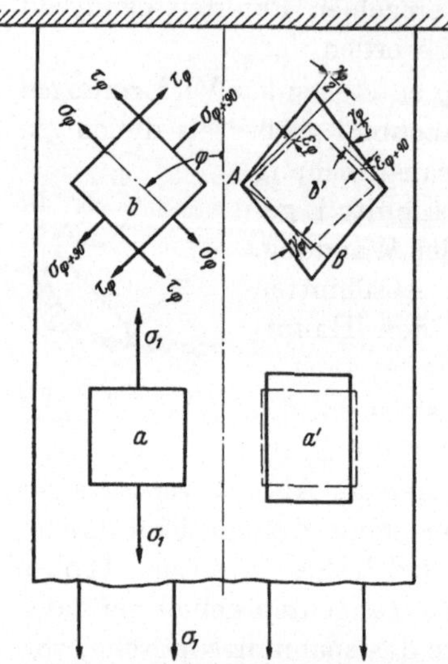

ein gleichförmiges Spannungsfeld, wie es z. B. an einem durch σ_1 auf Zug beanspruchten Flachstabe herrscht, zugrunde. Ein quadratisches Element a, dessen Seiten parallel und senkrecht zur Stabachse liegen, wird in bekannter Weise zu einem Rechteck a' verformt. Dagegen wird das Element b, das unter dem Winkel φ zur Stabachse herausgeschnitten ist, durch die Normalspannungen σ_φ und $\sigma_{\varphi+90}$ sowie die Schubspannungen τ_φ zu einem Parallelepiped b' verzerrt. Die ersteren rufen Dehnungen ε_φ und $\varepsilon_{\varphi+90}$ in Richtung von φ und $\varphi+90°$ hervor; die beiden Schubspannungspaare aber wirken auf Winkeländerungen entsprechend je $\gamma_\varphi/2$ gegenüber den *ursprünglichen* Seitenflächen hin. Dagegen ist die Verschie-

Abb. 27. Verformungen bei einachsigem Spannungszustand.

bung dieser Flächen *gegeneinander* durch das Lot AB von einem Eckpunkt auf die Gegenfläche und damit durch γ_φ gekennzeichnet.

Trägt man die polaren Abstände zwischen dem Kreis und dem Ellipsenumfang, Abb. 25, die in erster Näherung die Dehnungen ε darstellen, in ein Polarkoordinatensystem ein, so ergibt sich unter Anwendung eines größeren Maßstabes die Kurve Abb. 26 mit zwei positiven und zwei negativen Teilflächen, die von Tangenten unter den Winkeln φ_v eingeschlossen werden, Winkel, die praktisch genügend genau an der Verformungsellipse, Abb. 25, zu den Schnittpunkten mit dem Kreise führen.

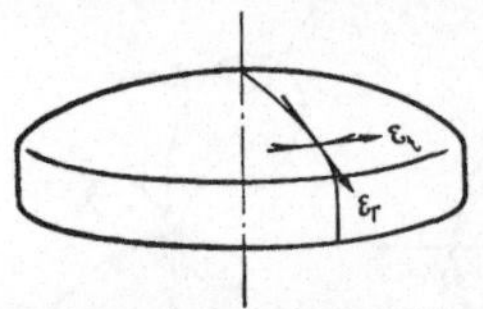

Abb. 28. Radial- und Tangentialdehnungen an einem gewölbten Deckel.

Sind die Richtungen der Hauptdehnungen bekannt, so genügen *zwei* Dehnungsmessungen in diesen Richtungen zur Bestimmung des Dehnungs- und Spannungszustandes. Z. B. herrscht auf den Flächen eines gewölbten, als Drehkörper ausgebildeten Deckels, Abb. 28, wenn derselbe Flüssigkeitsdruck von der einen Seite her unterliegt, aus Symmetriegründen ein zweiachsiger Spannungszustand. Er setzt sich aus Radialspannungen längs der Meridiane und aus senkrecht dazu gerichteten Tangentialspannungen zusammen. Mißt man die

Radial- und Tangentialdehnungen ε_r und ε_t, die zugleich Hauptdehnungen sind, so lassen sich die Dehnungen und Schiebungen unter
beliebigen Winkeln zu ihnen wie folgt finden.

Der Ermittlung sei ein rechtflachiges, sehr kleines Element, Abb. 29,
mit den Seiten l_1 und l_2 zugrunde gelegt. Unter der Wirkung der Hauptspannungen σ_1 und σ_2 auf den Seitenflächen gehe es in die gestrichelte
Form über. Die Rechteckseiten erfahren Verlängerungen λ_1 und λ_2,
unterliegen somit den Hauptdehnungen

$$\varepsilon_1 = \lambda_1/l_1 \qquad \text{und} \qquad \varepsilon_2 = \lambda_2/l_2 \, .$$

Aus dem rechtwinkligen Dreieck OAP_2 folgt:

$$(l_\varphi + \lambda_\varphi)^2 = (l_1 + \lambda_1)^2 + (l_2 + \lambda_2)^2$$

oder

$$l_\varphi^2(1 + \lambda_\varphi/l_\varphi)^2 = l_1^2(1 + \lambda_1/l_1)^2 + l_2^2(1 + \lambda_2/l_2)^2 \, .$$

Mit $\lambda_\varphi/l_\varphi = \varepsilon_\varphi$ ist

$$l_\varphi^2(1 + \varepsilon_\varphi)^2 = l_1^2(1 + \varepsilon_1)^2 + l_2^2(1 + \varepsilon_2)^2 \, .$$

Vernachlässigt man die sehr kleinen
quadratischen Werte ε_φ^2, ε_1^2 und ε_2^2,
so folgt, wenn man beachtet, daß
$l_\varphi^2 = l_1^2 + l_2^2$ ist:

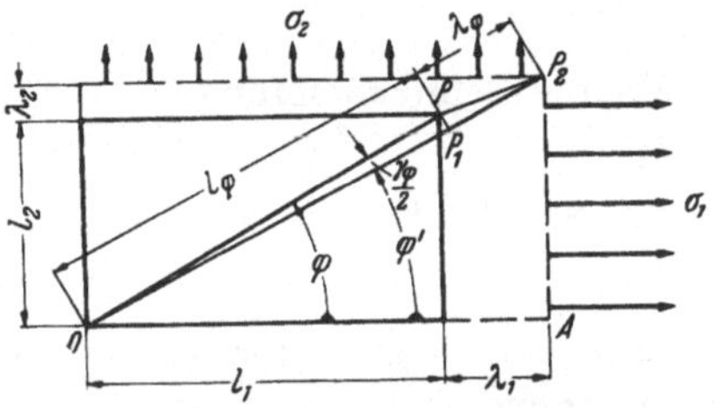

$$\varepsilon_\varphi l_\varphi^2 = \varepsilon_1 l_1^2 + \varepsilon_2 l_2^2 \, ,$$

$$\varepsilon_\varphi = \varepsilon_1 (l_1/l_\varphi)^2 + \varepsilon_2 (l_2/l_\varphi)^2 \, ,$$

$$(9) \qquad \varepsilon_\varphi = \varepsilon_1 \cos^2\varphi + \varepsilon_2 \sin^2\varphi \, .$$

Abb. 29. Zur Ermittlung der Verformung eines rechtflachigen Elements, dessen Seiten in den Hauptdehnungsrichtungen liegen.

Mit

$$(10) \qquad \cos^2\varphi = \frac{1 + \cos 2\varphi}{2} \quad \text{und} \quad \sin^2\varphi = \frac{1 - \cos 2\varphi}{2}$$

geht Gl. (9) über in

$$(11) \qquad \boxed{\varepsilon_\varphi = \frac{\varepsilon_1 + \varepsilon_2}{2} + \frac{\varepsilon_1 - \varepsilon_2}{2} \cos 2\varphi} \, .$$

φ ist hierbei der Winkel, den die Dehnung ε_φ mit ε_1 einschließt.

Bei der Ermittlung der *Schiebung* γ geht man von der Drehung aus,
welche die Strecke OP, Abb. 29, gegenüber OA erfährt. Sie ist durch
den Winkel POP_1 gekennzeichnet, der sich aus $POP_1 = \varphi - \varphi'$ oder aus

$$\sin POP_1 = \sin\varphi \cos\varphi' - \cos\varphi \sin\varphi'$$

errechnet.

Im rechtwinkligen Dreieck OAP_2 bestehen die Beziehungen

$$(12) \qquad \begin{cases} \sin\varphi' = \dfrac{l_2 + \lambda_2}{l_\varphi + \lambda_\varphi} = \dfrac{1 + \varepsilon_2}{1 + \varepsilon_\varphi} \cdot \dfrac{l_2}{l_\varphi} = \dfrac{1 + \varepsilon_2}{1 + \varepsilon_\varphi} \sin\varphi \, , \\[2ex] \cos\varphi' = \dfrac{l_1 + \lambda_1}{l_\varphi + \lambda_\varphi} = \dfrac{1 + \varepsilon_1}{1 + \varepsilon_\varphi} \cdot \dfrac{l_1}{l_\varphi} = \dfrac{1 + \varepsilon_1}{1 + \varepsilon_\varphi} \cos\varphi \, , \end{cases}$$

die, mit $\sin 2\varphi = 2\sin\varphi\cos\varphi$ zu

$$(13) \qquad \sin POP_1 = \frac{\varepsilon_1 - \varepsilon_2}{2(1+\varepsilon_\varphi)}\sin 2\varphi$$

führen. Bei den hier in Betracht kommenden kleinen Drehungen kann $\sin POP_1 \approx \sphericalangle POP_1$ und $1+\varepsilon_\varphi \approx 1$ gesetzt werden, so daß

$$(14) \qquad \sphericalangle POP_1 = \frac{\varepsilon_1 - \varepsilon_2}{2}\sin 2\varphi$$

wird. Er entspricht der halben Schiebung $\gamma_\varphi/2$. Denn die Hauptdehnungen ε_1 und ε_2 errechnen sich aus den Hauptspannungen σ_1 und σ_2 bei einer Dehnzahl α und einer Querzahl μ des Werkstoffes zu

$$(15) \qquad \begin{cases} \varepsilon_1 = \alpha(\sigma_1 - \mu\sigma_2), \\ \varepsilon_2 = \alpha(\sigma_2 - \mu\sigma_1). \end{cases}$$

Daraus folgt

$$(16) \qquad \varepsilon_1 - \varepsilon_2 = (1+\mu)\alpha(\sigma_1 - \sigma_2).$$

Da die Schubspannung

$$(17) \qquad \tau = \gamma_\varphi/\beta,$$

die Schubzahl β aber

$$(18) \qquad \beta = 2(1+\mu)\alpha,$$

andererseits nach der unten entwickelten Gleichung (27) die Schubspannung

$$\tau_\varphi = \frac{\sigma_1 - \sigma_2}{2}\sin 2\varphi$$

ist, erhält man durch Einsetzen in Gleichung (14)

$$(19) \qquad \sphericalangle POP_1 = \frac{\beta}{2}\frac{\sigma_1 - \sigma_2}{2}\sin 2\varphi = \frac{\beta}{2}\tau_\varphi = \frac{\gamma_\varphi}{2}.$$

Nach (14) und (19) ist somit die halbe Schiebung

$$(20) \qquad \boxed{\frac{\gamma_\varphi}{2} = \frac{\varepsilon_1 - \varepsilon_2}{2}\sin 2\varphi}.$$

Ihren Größtwert erhält die Schiebung bei $\varphi = 45°$; dann ist

$$(21) \qquad \gamma_{max} = \gamma_{45} = \varepsilon_1 - \varepsilon_2.$$

Die Verlagerung PP_2 erhält man aus Abb. 29 an Hand des rechtwinkligen Dreiecks PP_1P_2

$$\overline{PP_2}^2 = \overline{P_1P_2}^2 + \overline{PP_1}^2 = \lambda_\varphi^2 + (l_\varphi \cdot \gamma_\varphi/2)^2.$$

Dividiert man beide Seiten durch l_φ^2, so ergibt sich die Verzerrung ν_φ

$$\frac{\overline{PP_2}^2}{l_\varphi^2} = \nu_\varphi^2 = \left(\frac{\lambda_\varphi}{l_\varphi}\right)^2 + \left(\frac{\gamma_\varphi}{2}\right)^2$$

$$(22) \qquad \nu_\varphi^2 = \varepsilon_\varphi^2 + (\gamma_\varphi/2)^2,$$

eine Beziehung, die mit Hilfe der Gleichungen (9) und (20) in

$$(23) \qquad v_\varphi^2 = \varepsilon_1^2 \cos^2\varphi + \varepsilon_2^2 \sin^2\varphi$$

oder mit (10) in

$$(24) \qquad \boxed{v_\varphi^2 = \frac{\varepsilon_1^2 + \varepsilon_2^2}{2} + \frac{\varepsilon_1^2 - \varepsilon_2^2}{2}\cos 2\varphi}$$

übergeht.

b) Der Verformungskreis.[1]

Die Gleichungen (11), (20) und (24) gestatten, ε_φ, $\gamma_\varphi/2$ und v_φ aus ε_1, ε_2 und 2φ durch den *Verformungskreis* zu bestimmen. Trägt man vom Koordinatenanfangspunkt O_v, Abb. 30, die Hauptdehnungen $\varepsilon_1 = O_v D$ und $\varepsilon_2 = O_v E$ auf und schlägt über $ED = \varepsilon_1 - \varepsilon_2$ einen Kreis, so stellt die Abszisse $O_v N$ des Punktes P auf dem Kreis unter dem Zentriwinkel 2φ die Dehnung ε_φ, die Ordinate NP die halbe Schiebung $\gamma_\varphi/2$ und die Strecke $O_v P$ die Verzerrung v_φ dar. Denn es ist

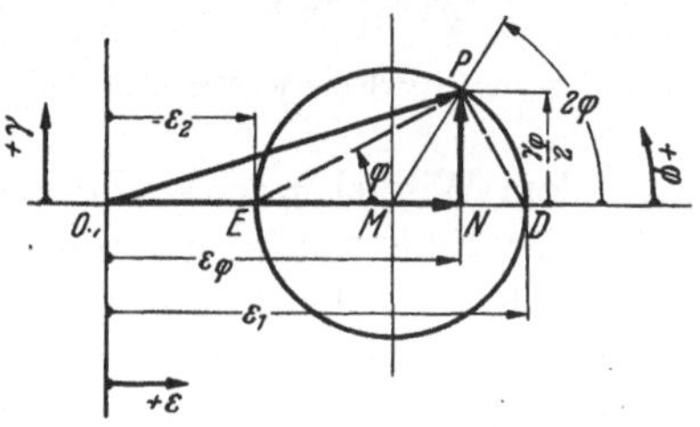

Abb. 30. Verformungskreis.

$$O_v N = O_v M + MN = O_v M + MP \cos 2\varphi = \frac{\varepsilon_1 + \varepsilon_2}{2} + \frac{\varepsilon_1 - \varepsilon_2}{2}\cos 2\varphi = \varepsilon_\varphi$$

nach Gleichung (11),

$$NP = MP \sin 2\varphi = \frac{\varepsilon_1 - \varepsilon_2}{2}\sin 2\varphi = \frac{\gamma_\varphi}{2}$$

entsprechend Gleichung (20) und im rechtwinkligen Dreieck $O_v NP$

$$\overline{O_v P}^2 = \overline{O_v N}^2 + \overline{NP}^2 = \varepsilon_\varphi^2 + (\gamma_\varphi/2)^2 = v_\varphi^2$$

nach Gleichung (22).

Ähnlich wie der MOHRsche Kreis die Spannungsverhältnisse überblicken läßt, wenn die Hauptspannungen σ_1 und σ_2 bekannt sind, so gestattet der *Verformungskreis* die elastischen Formänderungen, denen der Werkstoff an der betrachteten Stelle unterliegt, zu verfolgen. Derselbe läßt sich auch auf größere Formänderungen, wie sie bei Gummi und anderen stark elastischen Stoffen oder beim Fließen von Metallen auftreten, ergänzt durch den sog. Einheitskreis, anwenden, wie in der Dissertation JASCHKE, Aachen, 1938 [*11*] nachgewiesen ist.

---

[1] Anwendung bekanntgegeben auf der Tagung „Prüfen und Messen" des VDI, Berlin 1. u. 2. XII. 1936.

c) Polare Darstellung der Verformungen.

Besonders anschaulich ist die polare Darstellung der Verformungen. Ausgehend von der größeren Hauptdehnung ε_1, Abb. 30, die in Abb. 31 waagerecht und nach rechts gezeichnet sei, ist die Dehnung ε_φ unter dem Winkel φ aufgetragen, wobei 2φ im Verformungskreis und Winkel φ in der polaren Darstellung im gleichen Sinne, entgegen dem Uhrzeigersinn zählen. Im Verformungskreis, Abb. 30, kann φ auch unmittelbar

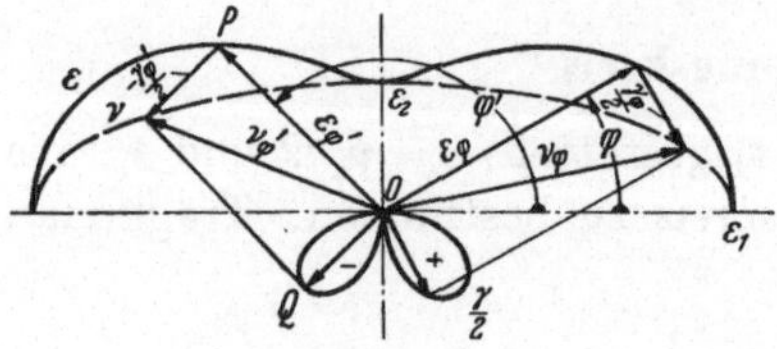

Abb. 31. Polare Darstellung der Verformungen.

als Peripheriewinkel PED über dem Bogen PD abgegriffen werden. Die Dehnungen sind im vorliegenden Falle durchweg positiv und liefern bei einmaligem Durchlaufen des Verformungskreises die im oberen Scheitel eingeschnürte Kurve der Abb. 31 über der Abszissenachse. Die unter dem Winkel φ wirkende halbe Schiebung $\gamma_\varphi/2$ trägt man zweckmäßig am Ende von ε_φ an, und zwar rechtsdrehend, wenn sie im Verformungskreis positiv, linksdrehend, wenn sie negativ ist, und verschiebt sie parallel zu sich selbst in den Koordinatenanfangspunkt O. So gelangt man zu der zweiflügeligen Kurve mit kongruenten Teilflächen in den beiden unteren Quadranten. Die eine Teilfläche ist positiv, die andere negativ, in Übereinstimmung damit, daß die Schiebungen in zueinander senkrechten Ebenen entgegengesetzt gleich sind.

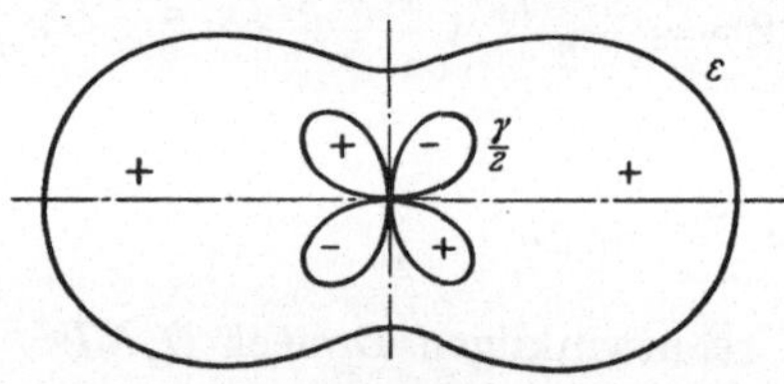

Abb. 32. Polare Darstellung der Dehnungen und Schiebungen bei zweimaligem Durchlaufen des Verformungskreises.

Die Darstellung hat den Vorteil, die Dehnungen und Schiebungen in beliebigen Richtungen eindeutig nach Größe und Sinn anzugeben. Beispielsweise tritt unter $\varphi' = 135°$ zur Ebene von ε_1 eine Dehnung von der Größe OP neben einer negativen halben Schiebung OQ auf, entsprechend den beiden Abschnitten auf dem rechten Winkel POQ. Die Endpunkte der Verzerrung v_φ liegen auf einer Ellipse mit den Halbachsen ε_1 und ε_2.

Die Darstellung läßt sich bei zweimaligem Durchlaufen des Verformungskreises zu geschlossenen Kurven, Abb. 32, ergänzen, bietet aber nicht mehr die Möglichkeit, die Richtung der Schiebung eindeutig abzulesen.

γ_φ durch die Schubzahl β dividiert, liefert nach Gleichung (17) die an der betreffenden Stelle herrschende Schubspannung $\tau_\varphi = \gamma_\varphi/\beta$.

Von polaren Darstellungen macht man zweckmäßig auch bei Dehnungsmessungen in verschiedenen Richtungen an einem bestimmten Punkt Gebrauch.

Mit Hilfe des Verformungskreises ist es auch möglich, die in Abb. 25 erwähnte Verformungsellipse zu entwerfen. In Abb. 33 und 34 sind positive Hauptdehnungen ε_1 und ε_2 vorausgesetzt, der Verformungskreis, Abb. 33, aber in dreifachem Maßstab gegenüber den Dehnungen, Abb. 34, gezeichnet. Sind die Richtungen der Hauptdehnungen durch das rechtwinklige Achsenkreuz AOD gegeben, so findet man, ausgehend von dem kreisförmigen Element vom Halbmesser $r = 1$, die Scheitel der Ellipse durch Abtragen von ε_1 und ε_2 längs der Achsen. Unter einem beliebigen Winkel φ_a trägt man die zum Winkel $2\varphi_a$ im Verformungskreis gehörige Dehnung $\varepsilon_a = PP_1$ radial nach außen an, falls sie positiv ist, die halbe

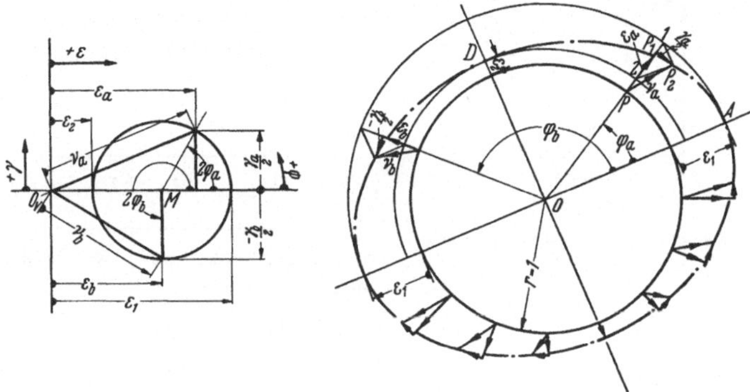

Abb. 33 und 34. Herleitung der Verformungsellipse aus dem Verformungskreis.

Schiebung $\gamma_a/2 = P_1P_2$ rechtwinklig dazu, also tangential zum Kreis, und zwar rechtsdrehend an, wenn sie positiv ist. Ihr Ende ist ein Punkt der Verformungsellipse. PP_2 entspricht der aus ε_a und $\gamma_a/2$ zusammengesetzten Verzerrung v_a, welcher der Punkt P unterliegt. Zum Winkel $2\varphi_b$ des Verformungskreises gehören ε_b und $-\gamma_b/2$, so daß die Schiebung linksdrehend einzuzeichnen ist. An der Ellipse, die auch ohne vorherige Ermittlung der Größen ε_φ und $\gamma_\varphi/2$ aus ε_1 und ε_2 an Hand der Hauptachsen $(1 + \varepsilon_1)$ und $(1 + \varepsilon_2)$ nach einem der üblichen Verfahren entwickelt werden kann, ist ersichtlich, daß die Schiebungen stets vom Scheitel der kleinen Achse der Ellipse zur großen hin gerichtet sind.

Der Verformungskreis vermittelt somit nicht allein den Zusammenhang zwischen den Dehnungen und Schiebungen, sondern gewährt auch einen anschaulichen Einblick in die Vorgänge bei elastischen Verformungen.

d) Der Mohrsche Spannungskreis.

Ergänzend zum Verformungskreis sei an den Mohrschen Spannungskreis unter Betrachtung der durch die Hauptspannungen σ_1 und σ_2 beanspruchten Körperecke ABC, Abb. 35, erinnert. Wird Fläche BC gleich der Flächeneinheit angenommen, damit die an ihr auftretenden Kräfte zu Spannungen werden, so hat die Fläche AC die Größe $1 \cdot \cos\varphi$ und die Fläche AB die Größe $1 \cdot \sin\varphi$. Der an AC wirkenden Kraft $\sigma_1 \cos\varphi$ hält an der Fläche BC die gleich große waagerechte Kraft DE im Schwerpunkt D das Gleichgewicht. Entsprechend ergibt sich in senkrechter Richtung $DF = \sigma_2 \sin\varphi$. DE und DF zusammengesetzt, liefern die Spannung $DG = \varrho_\varphi$, unter der die Fläche BC steht. Sie zerfällt in die Normal-

spannung $\sigma_\varphi = DH$ unter dem Winkel φ zur Hauptspannung σ_1 und in die Schubspannung $\tau_\varphi = DJ$. Fällt man von E das Lot ELK auf DH, so wird

$$DH = \sigma_\varphi = DK + KH = DE \cos \varphi + EG \sin \varphi,$$

$$(25) \qquad \sigma_\varphi = \sigma_1 \cos^2 \varphi + \sigma_2 \sin^2 \varphi$$

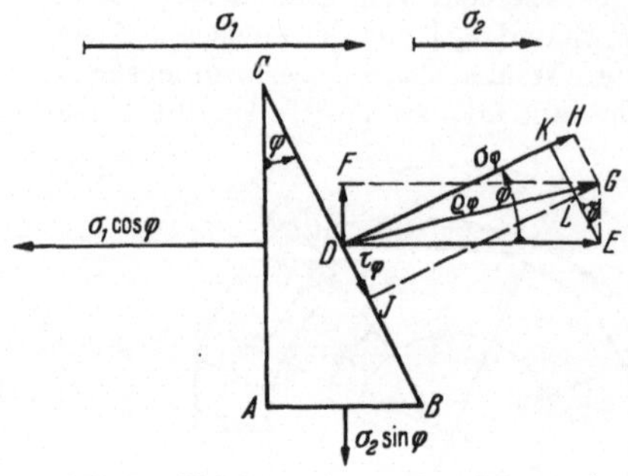

Abb. 35. Gleichgewicht an einer Körperecke.

oder mit Hilfe der Gleichungen (10)

$$(26) \qquad \boxed{\sigma_\varphi = \frac{\sigma_1 + \sigma_2}{2} + \frac{\sigma_1 - \sigma_2}{2} \cos 2\psi}.$$

Die Schubspannung ist

$$DJ = \tau_\varphi = EK - EL = DE \sin \varphi - EG \cos \varphi$$
$$= \sigma_1 \sin \varphi \cos \varphi - \sigma_2 \sin \varphi \cos \varphi$$

oder

$$(27) \qquad \boxed{\tau_\varphi = \frac{\sigma_1 - \sigma_2}{2} \sin 2\varphi}.$$

Sie erreicht ihren Größtwert bei $\varphi = 45°$;
dann ist

$$(28) \qquad \tau_{\max} = (\sigma_1 - \sigma_2)/2.$$

Die Spannung ϱ_φ erhält man aus dem rechtwinkligen Dreieck DEG mit

$$(29) \qquad \boxed{\varrho_\varphi^2 = \sigma_1^2 \cos^2 \varphi + \sigma_2^2 \sin^2 \varphi}.$$

σ_φ, τ_φ und ϱ_φ folgen ebenfalls Kreisfunktionen, wie aus dem völlig gleichen Aufbau der Formeln (11), (26), (20), (27) und (23), (29) hervorgeht.

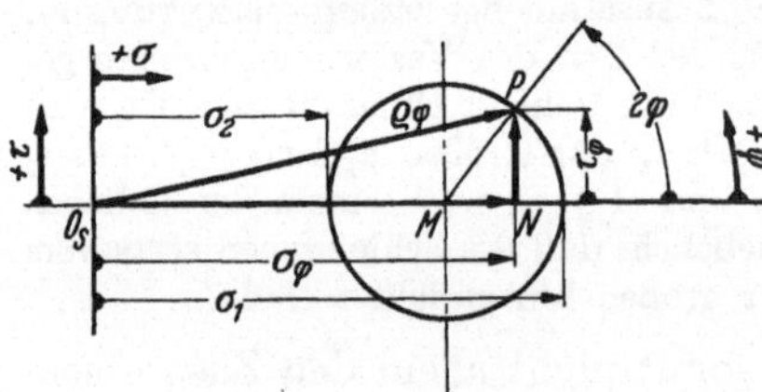

Abb. 36. MOHRscher Spannungskreis.

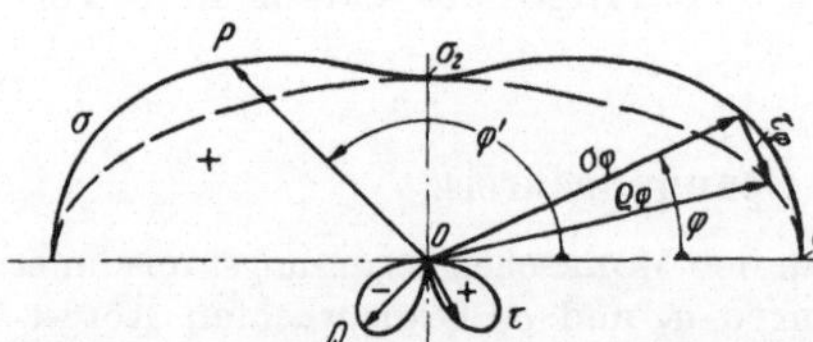

Abb. 37. Polare Darstellung der Normal- und
Schubspannungen.

Trägt man die Hauptspannungen σ_1 und σ_2, Abb. 36, vom Anfangspunkt O_s des rechtwinkligen Koordinatensystems auf der Abszissenachse
auf, und zwar nach rechts, wenn positiv, nach links, wenn negativ, so
liefert die Abszisse eines Umfangspunktes P des Kreises über $\sigma_1 - \sigma_2$
unter dem Winkel 2φ die Normalspannung σ_φ, die Ordinate die Schubspannung τ_φ und die Strecke $O_s P$ die Spannung ϱ_φ an einer Ebene, die unter
dem Winkel φ gegenüber derjenigen liegt, an der σ_1 wirkt.

Für die polare Darstellung der Spannungen, Abb. 37, gelten die gleichen Grundsätze wie für die Verformungskomponenten. Der Spannungskreis, Abb. 36, führt zu durchweg positiven Normalspannungen gemäß der
eingeschnürten Kurve und zur zwei-
flügeligen Linie der Schubspannungen. Der Normalspannung OP unter dem
Winkel φ' ist die negative Schubspannung OQ zugeordnet. Die Endpunkte von
ϱ_φ liegen wieder auf einer Ellipse.

G. Darstellung zusammengehöriger ebener Verformungs- und Spannungszustände.

Die Abschnitte Fa, b und d führten sowohl zu gleichartigem Aufbau der Formeln für die Verformungen und Spannungen, als auch zur Darstellung der Zustände durch je einen Kreis. Es liegt nahe, entweder

a) die beiden Kreise zusammenfallen zu lassen, die Verformungen und Spannungen aber von verschiedenen Bezugspunkten O_v und O_s aus zu messen oder

b) von einer und derselben Grundlinie OM auszugehen, die Verformungen und Spannungen aber durch zwei Kreise um M darzustellen.

In beiden Fällen gelten selbstverständlich verschiedene Maßstäbe für die Verformungen und Spannungen.

a) Darstellung durch einen Kreis und zwei Bezugspunkte O_v und O_s.

Der Zusammenhang zwischen den Verformungen und Spannungen ergibt sich daraus, daß die Ordinate eines beliebigen Umfangspunktes P des Kreises, Abb. 38, einerseits die Schubspannung τ_φ, andererseits die halbe Schiebung $\gamma_\varphi/2$ darstellt. Ist der Maßstab, in dem die Spannungen aufgetragen sind, $1\,\text{cm} = m_s\,\text{kg/cm}^2$, derjenige der Formänderungen $1\,\text{cm} = m_v\,\text{cm/cm}$, so gilt:

$$\frac{\gamma_\varphi/2}{m_v} = \frac{\tau_\varphi}{m_s}.$$

Mit $\gamma_\varphi = \beta\,\tau_\varphi$ wird der Spannungsmaßstab

$$(30) \qquad \boxed{m_s = \frac{2}{\beta}\,m_v}\,,$$

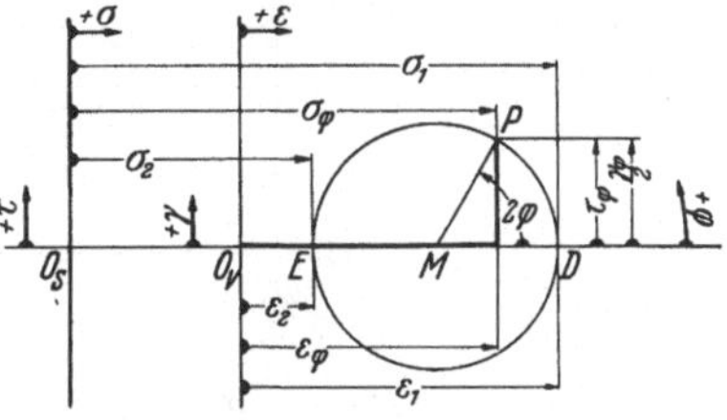

Abb. 38. Darstellung der Verformungen und Spannungen durch einen Kreis und zwei Bezugspunkte O_v und O_s.

wenn der Kreis in einem bestimmten Verformungsmaßstab m_v aufgezeichnet wurde.

Geht man umgekehrt von einem Spannungskreis im Maßstabe m_s aus, so sind die Verformungen mit

$$(31) \qquad \boxed{m_v = \frac{\beta}{2}\,m_s}$$

zu messen.

Für die Bezugspunkte O_v und O_s gilt unter Beachtung des gegenseitigen Maßstabes

$$(32) \qquad \frac{MO_v}{MO_s} = \frac{(\varepsilon_1 + \varepsilon_2)/2}{(\sigma_1 + \sigma_2)/2} \cdot \frac{m_s}{m_v} = \frac{\varepsilon_1 + \varepsilon_2}{\sigma_1 + \sigma_2} \cdot \frac{2}{\beta}\,.$$

Löst man die Gleichungen (15) nach σ_1 und σ_2 auf, so wird

$$(33) \qquad \sigma_1 = \frac{\varepsilon_1 + \mu\,\varepsilon_2}{(1-\mu^2)\,\alpha}\,, \qquad \sigma_2 = \frac{\varepsilon_2 + \mu\,\varepsilon_1}{(1-\mu^2)\,\alpha}\,,$$

wobei der Wert $1/(1-\mu^2)\cdot\alpha$ für verschiedene Werkstoffe in Aufstellung 1, Spalte 6, angegeben ist. Die Summe $\sigma_1 + \sigma_2$ wird unter Beachtung von (18)

$$(34) \qquad \sigma_1 + \sigma_2 = \frac{\varepsilon_1 + \varepsilon_2}{(1-\mu)\,\alpha} = \frac{2\,(1+\mu)}{\beta\,(1-\mu)}\,(\varepsilon_1 + \varepsilon_2)$$

und damit

$$(35) \qquad \frac{MO_v}{MO_s} = \frac{1-\mu}{1+\mu}\,.$$

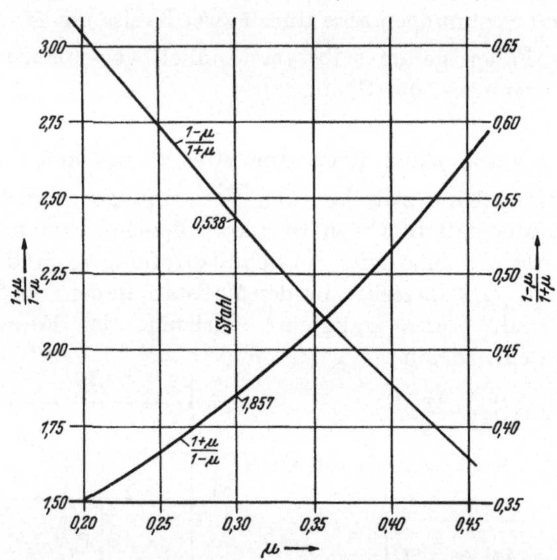

Abb. 39. Hilfswerte $\dfrac{1+\mu}{1-\mu}$ und $\dfrac{1-\mu}{1+\mu}$ in Abhängigkeit von μ.

Geht man vom Verformungskreis aus, ist also MO_v gegeben, so folgt aus

$$(36) \qquad MO_s = \frac{1+\mu}{1-\mu}\,MO_v = \frac{1+\mu}{1-\mu}\cdot\frac{\varepsilon_1 + \varepsilon_2}{2}\,,$$

daß O_s *stets weiter vom Mittelpunkt M abliegen* muß als O_v, weil $\dfrac{1+\mu}{1-\mu} > 1$ ist.

Liegt umgekehrt zunächst ein MOHRscher *Spannungskreis* vor, so findet man den Abstand des Bezugspunktes O_v vom Mittelpunkt M aus

$$(37) \qquad MO_v = \frac{1-\mu}{1+\mu}\,MO_s = \frac{1-\mu}{1+\mu}\cdot\frac{\sigma_1 + \sigma_2}{2}\,.$$

Der Hilfswert $(1+\mu)/(1-\mu)$ und sein Kehrwert können den Spalten 10 und 11 der Aufstellung 1 oder Abb. 39 entnommen werden.

Beispiel 2. Gemessen an Stahl $\varepsilon_1 = 3{,}00 \cdot 10^{-4}$, $\varepsilon_2 = 1{,}00 \cdot 10^{-4}$. Im Maßstabe 1 cm $= 10^{-4}$ cm/cm aufgetragen, ergibt sich Abb. 40. Abstand des Bezugspunktes O_s von M nach (36)

$$MO_s = \frac{1+\mu}{1-\mu} \cdot \frac{\varepsilon_1 + \varepsilon_2}{2} = 1{,}857\,\frac{3{,}00 + 1{,}00}{2} \cdot 10^{-4} = 3{,}714 \cdot 10^{-4}.$$

In dem gewählten Maßstabe wird $O_s M = 3{,}714$ cm.

Maßstab der Spannungen nach (30)

$$m_s = \frac{2}{\beta}\, m_v = 2 \cdot 808\,000 \cdot 10^{-4} = 161{,}6 \text{ kg/cm}^2 \text{ je cm}$$

oder 100 kg/cm² entsprechen 0,62 cm.

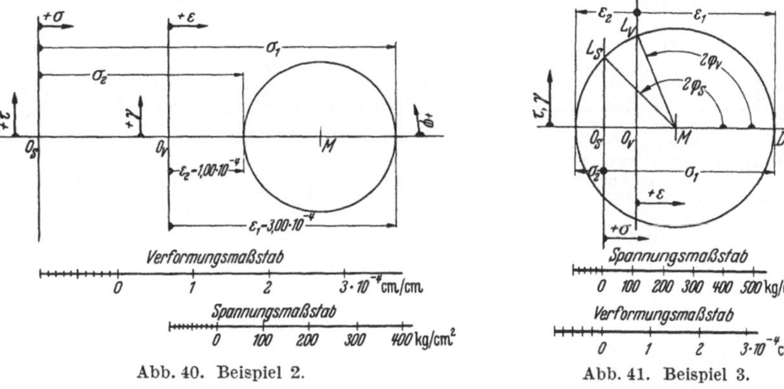

Abb. 40. Beispiel 2.   Abb. 41. Beispiel 3.

Beispiel 3. Gegeben $\sigma_1 = 565$, $\sigma_2 = -95$ kg/cm². Werkstoff: Stahl. In Abb. 41 sind σ_1 und σ_2 im Maßstabe 1 cm $= 250$ kg/cm² aufgezeichnet. Abstand MO_v nach (37)

$$MO_v = \frac{1-\mu}{1+\mu} \cdot \frac{\sigma_1 + \sigma_2}{2} = 0{,}538\,\frac{565 - 95}{2} = 126 \text{ kg/cm}^2$$

oder

$$MO_v = \frac{126}{250} = 0{,}50 \text{ cm}.$$

Maßstab der Dehnungen nach (31)

$$m_v = \frac{\beta}{2}\, m_s = \frac{250}{2 \cdot 808\,000} = 1{,}55 \cdot 10^{-4} \text{ je 1 cm},$$

d. h. $1 \cdot 10^{-4}$ entspricht 0,645 cm.

Ergebnis: $\varepsilon_1 = 2{,}83 \cdot 10^{-4}$, $\varepsilon_2 = -1{,}26 \cdot 10^{-4}$.

Siehe auch K. KLOTTER [12], der die Beziehungen zwischen Spannungen und Verformungen noch an Hand des LANDschen Kreises erläutert hat.

b) Darstellung durch zwei Kreise und einen Bezugspunkt O.

In Abb. 42 entspricht OM im Verformungskreis $(\varepsilon_1 + \varepsilon_2)/2$, im Spannungskreis $(\sigma_1 + \sigma_2)/2$; daher gilt für die Maßstäbe die Beziehung

$$\frac{\varepsilon_1 + \varepsilon_2}{2\,m_v} = \frac{\sigma_1 + \sigma_2}{2\,m_s}.$$

Mit Gleichung (34) erhält man

$$(38 \text{ u. } 39) \qquad \boxed{m_s = \frac{2}{\beta}\,\frac{1+\mu}{1-\mu}\,m_v} \qquad \text{und} \qquad \boxed{m_v = \frac{\beta}{2}\,\frac{1-\mu}{1+\mu}\,m_s}\;.$$

Hilfswerte siehe Spalte 10 und 11 der Aufstellung 1 oder Abb. 39.

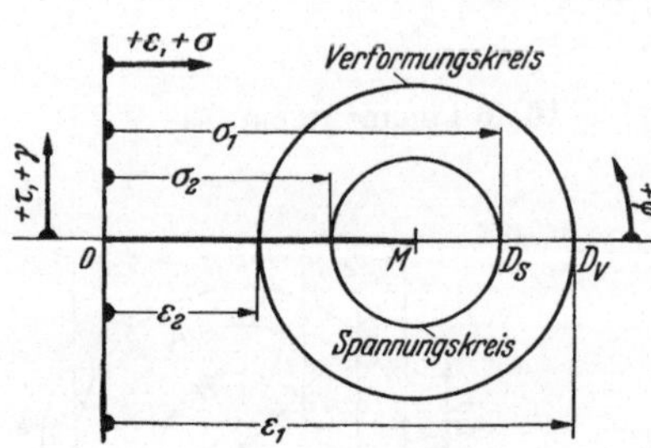

Abb. 42. Darstellung der Verformungen und Spannungen durch zwei Kreise und einen Bezugspunkt O.

Ist aus Dehnungsmessungen der Halbmesser des Verformungskreises $MD_v = (\varepsilon_1 - \varepsilon_2)/2$ gegeben, so erhält man den des Spannungskreises $MD_s = (\sigma_1 - \sigma_2)/2$ aus

$$\frac{MD_s}{MD_v} = \frac{(\sigma_1 - \sigma_2)/m_s}{(\varepsilon_1 - \varepsilon_2)/m_v}.$$

Nach den Gleichungen (16) und (18) ist andererseits

$$(40) \qquad \varepsilon_1 - \varepsilon_2 = \frac{\beta}{2}(\sigma_1 - \sigma_2)\,,$$

so daß mit Beziehung (38)

$$(41 \text{ u. } 42) \qquad \left\{ \begin{array}{l} \boxed{MD_s = \dfrac{1-\mu}{1+\mu}\,MD_v = \dfrac{1-\mu}{1+\mu}\cdot\dfrac{\varepsilon_1 - \varepsilon_2}{2}} \\[4mm] \boxed{MD_v = \dfrac{1+\mu}{1-\mu}\,MD_s = \dfrac{1+\mu}{1-\mu}\cdot\dfrac{\sigma_1 - \sigma_2}{2}} \end{array} \right. \qquad \text{oder}$$

wird.

Auch das Verhältnis der beiden Halbmesser MD_s/MD_v ist somit durch den lediglich vom Werkstoff abhängigen Festwert $(1-\mu)/(1+\mu)$ gegeben, der gestattet, MD_s aus MD_v oder umgekehrt MD_v zu ermitteln, wenn MD_s bekannt ist. Aus den Formeln geht hervor, daß der Halbmesser des Spannungskreises MD_s stets *kleiner* als der des Verformungskreises MD_v ist.

Beispiel 4. $\varepsilon_1 = 4{,}00 \cdot 10^{-4}$ und $\varepsilon_2 = 1{,}00 \cdot 10^{-4}$ seien gegeben. Sie führen im Maßstab m_v, der zu $1 \text{ cm} = 1{,}00 \cdot 10^{-4}$ cm/cm angenommen sei, zum Verformungskreis, Abb. 43, mit dem Halbmesser

$$MD_v = \frac{\varepsilon_1 - \varepsilon_2}{2\,m_v} = \frac{(4{,}00 - 1{,}00)\cdot 10^{-4}}{2 \cdot 10^{-4}} = 1{,}5 \text{ cm}.$$

Spannungsmaßstab gemäß (38)

$$m_s = \frac{2}{\beta}\,\frac{1+\mu}{1-\mu}\,m_v = 2 \cdot 808\,000 \cdot 1{,}857 \cdot 1 \cdot 10^{-4} = 300 \text{ kg/cm}^2 \text{ je cm},$$

d. h. 100 kg/cm² entsprechen 0,333 cm.

Halbmesser des Spannungskreises nach (41)

$$MD_s = \frac{1-\mu}{1+\mu}\,MD_v = 0{,}54 \cdot 1{,}5 = 0{,}81 \text{ cm}.$$

Beispiel 5. Der Spannungskreis sei mit $\sigma_1 = 290$, $\sigma_2 = -45\ \text{kg/cm}^2$ im Maßstabe $1\ \text{cm} = 250\ \text{kg/cm}^2$, Abb. 44, gegeben. Sein Halbmesser beträgt

$$M D_s = \frac{\sigma_1 - \sigma_2}{2\,m_s} = \frac{290 + 45}{2 \cdot 250} = 0,67\ \text{cm}.$$

Verformungsmaßstab gemäß (39)

$$m_v = \frac{\beta}{2}\,\frac{1 - \mu}{1 + \mu}\,m_s = \frac{0,54 \cdot 250}{2 \cdot 808\,000} = 0,84 \cdot 10^{-4}\ \text{je cm},$$

d. h. $1 \cdot 10^{-4}$ entspricht $1,19\ \text{cm}$.

Halbmesser des Verformungskreises nach (42)

$$M D_v = \frac{1 + \mu}{1 - \mu}\,M D_s = 1,857 \cdot 0,67 = 1,24\ \text{cm}.$$

Ergebnis: $\varepsilon_1 = 1,45 \cdot 10^{-4}$, $\varepsilon_2 = -0,63 \cdot 10^{-4}$.

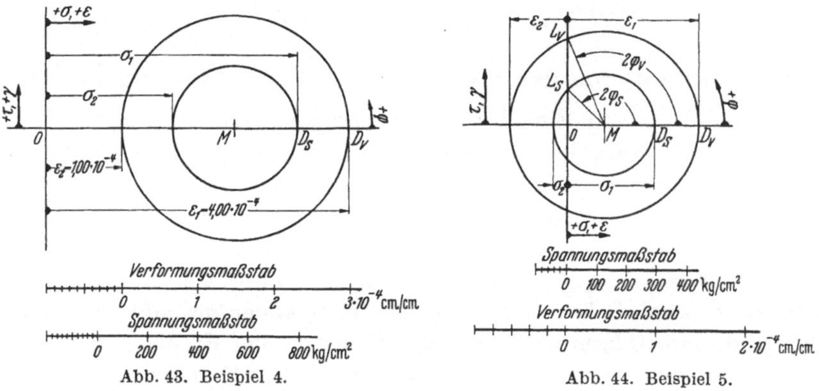

Abb. 43. Beispiel 4. Abb. 44. Beispiel 5.

Schneiden die Verformungs- und Spannungskreise, Abb. 41 und 44, die Ordinatenachsen in den Punkten L_v und L_s, so zeigen die Winkel $DML_v = 2\,\varphi_v$ und $DML_s = 2\,\varphi_s$ Ebenen an, in denen keine Dehnungen bzw. Normalspannungen, sondern nur Schiebungen und Schubspannungen wirken. In diesen Fällen setzen sich die polaren Darstellungen der ε- und σ-Werte entsprechend Abb. 26 aus je zwei positiven und negativen Schleifen zusammen. Die Winkel φ_v und φ_s geben die Neigungen der Tangenten der ε- und σ-Kurven im Koordinatenanfangspunkte O an. Sie können an Hand der Gleichungen (11) und (26) mit $\varepsilon_\varphi = 0$ und $\sigma_\varphi = 0$ auch aus

$$(43\ \text{u.}\ 44) \qquad \cos 2\varphi_v = -\,\frac{\varepsilon_1 + \varepsilon_2}{\varepsilon_1 - \varepsilon_2} \qquad \text{und} \qquad \cos 2\varphi_s = -\,\frac{\sigma_1 + \sigma_2}{\sigma_1 - \sigma_2}$$

berechnet werden.

Auch die polaren Darstellungen der Verformungen und der Spannungen nach den Abb. 31 und 37 lassen sich von einem und demselben Pol aus auftragen. Geht man von dem gemeinsamen Kreis und zwei Bezugspunkten O_s und O_v aus, vgl. Beispiel 7, Abb. 50, so wird die

Kurve der Normalspannungen σ eine polare Äquidistante zur Kurve der Dehnungen ε, weil der Abstand beider Linien, auf beliebigen Polstrahlen gemessen, gleich $O_s O_v$ ist, was die Aufzeichnung der σ-Kurve erleichtert. Die Kurven für die Schubspannung τ und die halbe Schiebung $\gamma/2$ fallen, da sie aus den Ordinaten des gemeinsamen Kreises hergeleitet werden, zusammen.

Die Darstellung der Verformungen und Spannungen durch zwei Kreise und einen gemeinsamen Bezugspunkt O nach Abb. 42 führt, wie an Beispiel 10, Abb. 72, gezeigt ist, bei der polaren Auftragung der Dehnungen ε und der Normalspannungen σ zu Kurven, die sich auf Strahlen unter $45°$ zu den Hauptachsen schneiden. Die Schiebungen $\gamma/2$ und die Schubspannungen τ sind durch zwei getrennte Doppelschleifen wiedergegeben.

H. Anwendungen der Verformungs- und Spannungskreise.

a) Einachsiger Spannungszustand.

Bei diesem Zustand, der vor allem an stangenförmigen, durch Längskräfte beanspruchten Teilen auftritt, genügt die Messung der Hauptdehnung ε_1 in Richtung der Kraft. Da stangenförmige Körper jedoch häufig Nebenbeanspruchungen auf Biegung durch außermittigen Angriff der Kräfte oder durch Knickwirkung unterliegen, empfiehlt es sich stets, zwei Dehnungsmessungen an einander gegenüberliegenden Fasern durchzuführen und mit dem Mittelwert der Ergebnisse zu rechnen, sofern nicht etwa größere Unterschiede die Berücksichtigung der Nebenbeanspruchung verlangen.

Der Verformungszustand ist dreiachsig und durch die Hauptdehnungen ε_1 und $\varepsilon_2 = \varepsilon_3 = -\mu \varepsilon_1$ gekennzeichnet.

Unter dem beliebigen Winkel φ gegen ε_1 herrscht nach Gleichung (11) die Dehnung

$$(45) \qquad \varepsilon_\varphi = \frac{\varepsilon_1}{2} \left[(1 - \mu) + (1 + \mu) \cos 2\varphi\right]$$

und nach Gleichung (20) die Schiebung

$$(46) \qquad \gamma_\varphi = \varepsilon_1 (1 + \mu) \sin 2\varphi.$$

Die zugehörigen Spannungen sind nach (26) und (27)

$$(47) \qquad \sigma_\varphi = \frac{\sigma_1}{2} (1 + \cos 2\varphi),$$

$$(48) \qquad \tau_\varphi = \frac{\sigma_1}{2} \sin 2\varphi.$$

Beispiel 6. Bei $\sigma_1 = 1000$ kg/cm² Spannung wird an Stahl mit $\alpha = 1/2\,100\,000$ cm²/kg und $\mu = 0,3$

$$\varepsilon_1 = \alpha \sigma_1 = \frac{1000}{2\,100\,000} = 4,76 \cdot 10^{-4},$$

$$\varepsilon_2 = -\mu \varepsilon_1 = -0,3 \cdot 4,76 \cdot 10^{-4} = -1,43 \cdot 10^{-4}.$$

Im Maßstab $m_v = 1 \cdot 10^{-4}$ cm/cm $= 0{,}4$ cm aufgetragen, ergibt sich der Verformungskreis Abb. 46.

Der Bezugspunkt O_s folgt aus (36)

$$M O_s = \frac{1+\mu}{1-\mu} \cdot \frac{\varepsilon_1 + \varepsilon_2}{2} = (1+\mu)\,\frac{\varepsilon_1}{2}\,.$$

Dieser Abstand entspricht dem Halbmesser des Verformungskreises, so daß O_s in dessen Scheitel liegt.

Spannungsmaßstab nach (30)

$$m_s = \frac{2}{\beta}\, m_v = 2 \cdot 808000 \cdot 10^{-4} = 161{,}6 \text{ kg/cm}^2 \text{ je } 0{,}4 \text{ cm}$$

oder 100 kg/cm² entsprechen 0,248 cm.

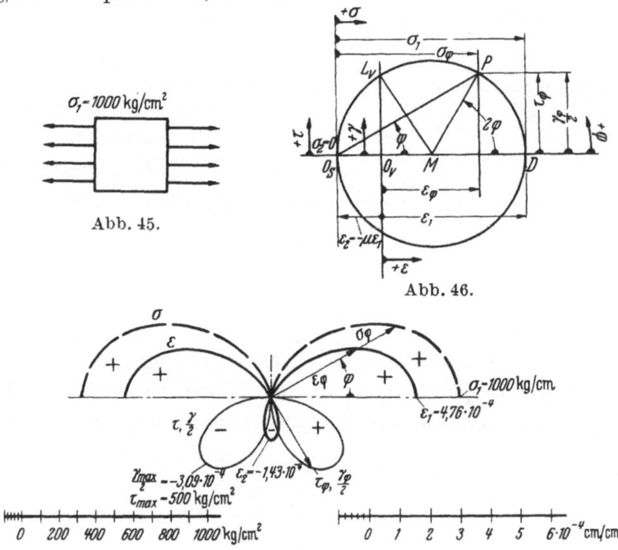

Abb. 45 bis 47. Belastungszustand auf der Meßfläche bei einachsigem Spannungszustand an Stahl.
Beispiel 6.

Die polare Auftragung der Zustandskomponenten von einem Punkte aus zeigt Abb. 47.

Die Dehnungsverteilung ist durch eine lemniskatenähnliche Kurve mit zwei positiven und einer negativen Teilfläche, die Verteilung der Normalspannungen durch zwei positive Teilflächen dargestellt. Die Schiebungen und Schubspannungen führen zu einer einzigen zweiflügeligen Kurve mit kongruenten Flächen in den unteren Quadranten, die aber nach den angegebenen verschiedenen Maßstäben zu messen sind.

Der Verlauf der Dehnungen wurde von Dr.-Ing. G. Fischer im Institut für Werkstoffkunde Aachen durch Dehnungsmessungen an einem Flachstabe mittels Huggenberger-Tensometern, die unter jeweils um 15° verschiedenen Winkeln φ, also unter 0, 15, 30 ... 90°, gegenüber der Stabachse angesetzt waren, voll und ganz bestätigt.

b) Zweiachsiger Spannungszustand, bei dem die Richtungen der Hauptspannungen oder -dehnungen bekannt sind.

Er herrscht u. a. auf den Außenflächen zylindrischer, kegeliger und kugeliger Gefäße, sowie kreisförmiger ebener und gewölbter Böden, die an den Gegenflächen unter Flüssigkeitsdruck stehen. Die Hauptdehnungsrichtungen sind in diesen Fällen nach Abb. 28 aus Symmetriegründen durch die Radialdehnungen ε_r längs der Leitlinien bei der Erzeugung der Drehkörper und die senkrecht dazu gerichteten Tangentialdehnungen ε_t gegeben. An länglichen, insbesondere zylindrischen und schwach kegeligen Körpern pflegt man von der Axialdehnung ε_a statt der Radialdehnung ε_r zu sprechen.

Die Spannungen und Dehnungen stehen miteinander durch das Überlagerungsgesetz (15) oder (33) in Beziehung.

1. **Dehnungen und Spannungen eines dünnwandigen zylindrischen Gefäßes, das innerem Druck ausgesetzt ist.**

Bei D cm innerem Durchmesser, s cm Wandstärke und p kg/cm² Überdruck kann man unter der Voraussetzung, daß

1. s gegenüber D klein ist,
2. die Wandungen genau zylindrisch sind und
3. die betrachtete Stelle genügend weit von Spannungsstörungsstellen, wie Böden oder Flanschen, abliegt,

mit den mittleren Spannungen in der Wandung rechnen. Die größere Hauptspannung, nämlich die Tangentialspannung, ist dann

$$(49) \qquad \sigma_1 = \sigma_t = \frac{D\,p}{2\,s}$$

doppelt so groß, wie die durch den Bodendruck erzeugte Axialspannung

$$(50) \qquad \sigma_2 = \sigma_a = \frac{D\,p}{4\,s},$$

so daß der Spannungszustand durch σ_1 und $\sigma_2 = \sigma_1/2$ gekennzeichnet ist.

Aus den Hauptspannungen ergeben sich mit Hilfe der Gleichungen (15) die Hauptdehnungen

$$(51) \qquad \left\{ \begin{aligned} \varepsilon_1 &= \varepsilon_t = \frac{2 - \mu}{2}\, \alpha\, \sigma_1, \\ \varepsilon_2 &= \varepsilon_a = \frac{1 - 2\mu}{2}\, \alpha\, \sigma_1 \end{aligned} \right.$$

und ihr Zusammenhang aus

$$(52) \qquad \varepsilon_1 = \frac{2 - \mu}{1 - 2\mu}\, \varepsilon_2.$$

Unter dem Winkel φ gegen ε_1 herrschen nach (11) und (20) die Verformungskomponenten

$$(53) \qquad \varepsilon_\varphi = \frac{\varepsilon_1}{2\,(2 - \mu)}\, [3\,(1 - \mu) + (1 + \mu)\cos 2\varphi],$$

$$(54) \qquad \gamma_\varphi = \frac{\varepsilon_1}{2 - \mu}\,(1 + \mu)\sin 2\varphi$$

und nach (26) und (27) die Spannungen

$$(55) \qquad \sigma_\varphi = \frac{\sigma_1}{4}\,(3 + \cos 2\varphi),$$

$$(56) \qquad \tau_\varphi = \frac{\sigma_1}{4}\,\sin 2\varphi.$$

Beispiel 7. An Stahl mit $\alpha = 1/2\,100\,000\ \text{cm}^2/\text{kg}$ und $\mu = 0{,}3$ wirken $\sigma_1 = 1000\ \text{kg/cm}^2$ und $\sigma_2 = 500\ \text{kg/cm}^2$. Dann läßt sich der Spannungskreis, Abb. 49, der mit 1 cm $= 400\ \text{kg/cm}^2$ gezeichnet ist, als Verformungskreis auffassen, wenn der Bezugspunkt O_v nach (37) in

$$M O_v = \frac{1 - \mu}{1 + \mu}\,\frac{\sigma_1 + \sigma_2}{2} = 0{,}538\,\frac{1000 + 500}{2} = 403\ \text{kg/cm}^2$$

oder $403/400 = 1{,}01$ cm Abstand vom Mittelpunkt M angenommen wird.

Der Verformungsmaßstab wird nach (31)

$$m_v = \frac{\beta}{2}\,m_s = \frac{400}{2 \cdot 808\,000} = 2{,}48 \cdot 10^{-4}\ \text{je cm} \quad \text{oder}\ 1 \cdot 10^{-4} = 0{,}404\ \text{cm}.$$

Es ist $\varepsilon_1 = 4{,}05 \cdot 10^{-4}$, $\varepsilon_2 = 0{,}95 \cdot 10^{-4}\ \text{cm/cm}$.

Aus Abb. 50 ist die polare Darstellung der Zustandskomponenten ersichtlich.

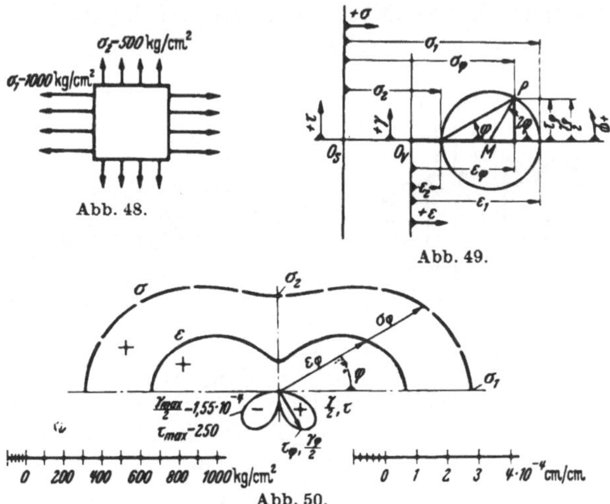

Abb. 48.

Abb. 49.

Abb. 50.

Abb. 48 bis 50. Belastungszustand auf der Meßfläche bei dem zweiachsigen Spannungszustand $\sigma_2 = \sigma_1/2$ an Stahl. Beispiel 7.

Da die Richtungen der Hauptdehnungen und deren Verhältnis zueinander bekannt sind, genügt strenggenommen die Bestimmung *einer* Dehnung, am besten der größeren Hauptdehnung längs einer Umfangslinie. Zu empfehlen ist aber stets die Nachprüfung, ob keine Störungen des Spannungsverlaufes vorliegen durch Messung der Axialdehnung unter Ermittlung des Verhältnisses $\varepsilon_2/\varepsilon_1$ nach Formel (52), das bei Stahl 0,235 betragen muß. Schon bei geringen Änderungen der Wandstärke und der Krümmungen oder selbst durch schwache Beulen können solche Störungen entstehen.

Legt man der Beurteilung der Inanspruchnahme der Wandung die Größtdehnungstheorie zugrunde, so wird die größte Dehnung $\varepsilon_1 = 4{,}05 \cdot 10^{-4}$ und damit die größte Anstrengung an Stahl 15% niedriger als bei einachsiger Belastung ($\varepsilon_1 = 4{,}76 \cdot 10^{-4}$), gleich hohe größte Hauptspannung $\sigma_1 = 1000$ kg/cm² vorausgesetzt.

Die Schubspannung ist auf den Oberflächen des Gefäßes ebenfalls niedrig, erreicht dagegen *in* der Wandung, wie später gezeigt wird, die gleiche Höhe wie im einachsigen Zustand und wirkt dort mit einer Normalspannung $\sigma_1/2$ zusammen. Näheres siehe Abschnitt L c.

2. Beanspruchung eines dünnwandigen kugeligen Gefäßes unter innerem Überdruck.

Unter den in Absatz 1 angeführten Voraussetzungen sind die Tangential- und Radialspannungen durchweg positiv und gleich groß

$$(57) \qquad \sigma_1 = \sigma_t = \sigma_2 = \sigma_r = \frac{D\,p}{4\,s}.$$

Schubspannungen und Schiebungen fehlen auf der Außenfläche, da der Spannungs- und Verformungskreis in Abb. 52 mit

$$(58) \qquad \varepsilon_1 = \varepsilon_t = \varepsilon_2 = \varepsilon_r = (1 - \mu)\,\alpha\,\sigma_1$$

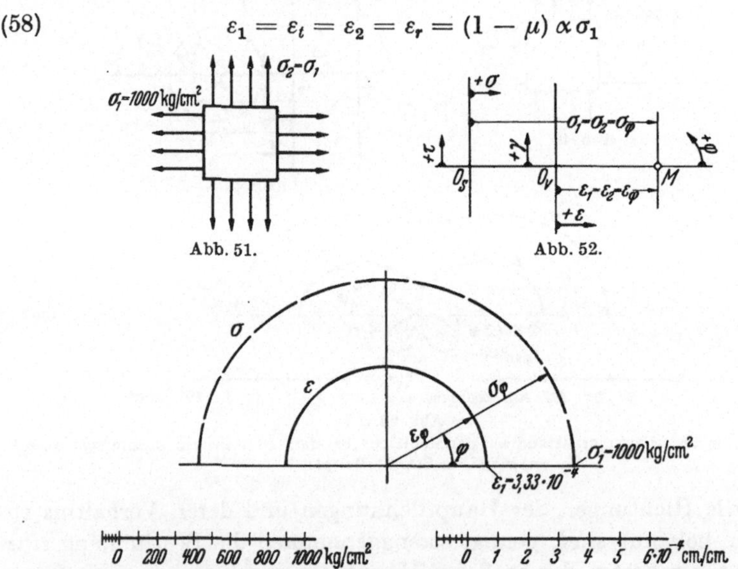

Abb. 53.

Abb. 51 bis 53. Belastungszustand auf der Meßfläche bei dem zweiachsigen Spannungszustand $\sigma_1 = \sigma_2$ an Stahl. Beispiel 8.

zu einem Punkt M zusammenschrumpft. Wohl aber wirken *in* der Wandung wieder hohe Schubspannungen.

Die Spannungs- und Dehnungsverteilungen sind polar durch Halbkreise, Abb. 53, gekennzeichnet. Die größte Dehnung und damit die

Anstrengung des Werkstoffes ist um etwa 30% niedriger als bei einachsiger, zahlenmäßig gleich hoher Spannung σ_1 des Werkstoffes. Bezüglich der Ermittlung der Dehnung gilt das unter 1. Gesagte: zur Nachprüfung, ob der Zustand gleichmäßig ist, sollten auch an kugeligen Wandungen mindestens zwei Dehnungsmessungen, am besten senkrecht zueinander, durchgeführt werden.

Beispiel 8. Bei $\sigma_1 = 1000\ \text{kg/cm}^2$ beträgt die zugehörige Dehnung ε_1 an Stahl mit $\alpha = 1/2\,100\,000\ \text{cm}^2/\text{kg}$ und $\mu = 0,3$ nach (58)

$$\varepsilon_1 = (1 - \mu)\,\alpha\,\sigma_1 = (1 - 0,3)\,\frac{1000}{2\,100\,000} = 3,33 \cdot 10^{-4}.$$

Mit $m_v = 1 \cdot 10^{-4}\ \text{cm/cm} = 0,40\ \text{cm}$ erhält man Abb. 52 und 53.

Der Bezugspunkt O_s für die Spannungen ist nach (36) durch

$$MO_s = \frac{1 + \mu}{1 - \mu} \cdot \frac{\varepsilon_1 + \varepsilon_2}{2} = 1,857\,\frac{3,33 + 3,33}{2} \cdot 10^{-4} = 6,18 \cdot 10^{-4}\ \text{cm/cm}$$

oder $6,18 \cdot 0,40 = 2,47\ \text{cm}$ gegeben.

Spannungsmaßstab

$$m_s = \frac{2}{\beta}\,m_v = 2 \cdot 808\,000 \cdot 10^{-4} = 161,6\ \text{kg/cm}^2\ \text{je}\ 0,40\ \text{cm},$$

d. h. $100\ \text{kg/cm}^2$ entsprechen $0,248\ \text{cm}$.

3. Zusammenwirken zahlenmäßig gleich hoher Zug- und Druckhauptspannungen, σ_1 und $\sigma_2 = -\sigma_1$; Beanspruchung auf Schub.

Der Belastungsfall ist der Beanspruchung eines Körpers durch *reine Schubspannungen* $\tau_{\max} = \sigma_1$ gleichwertig, die unter 45° zu den Hauptspannungen wirken (Beanspruchung durch *Schubkräfte* oder durch *Drehmomente*). Denn der Belastungszustand ist durch einen Kreis um den Koordinatenanfangspunkt $O_s = O_v$, Abb. 55, gekennzeichnet und liefert eine Dehnungs- und Spannungsverteilung in polarer Darstellung, Abb. 56, die sich aus zwei halben und drei ganzen Schleifen zusammensetzt, von denen die stark ausgezogenen den Verlauf der Normalspannungen und Dehnungen, die dünn ausgezogenen denjenigen der Schubspannungen und Schiebungen in den verschiedenen Ebenen wiedergeben. In den Hauptebenen wirken reine Normalspannungen, unter 45° dazu reine Schubspannungen zahlenmäßig gleicher Höhe.

Die Hauptdehnungen erhält man an Hand der Gleichungen (15)

$$(59) \qquad\qquad \varepsilon_1 = (1 + \mu)\,\alpha\,\sigma_1 = -\varepsilon_2.$$

Sie zeigen 30% höhere Werte als bei einachsiger. zahlenmäßig gleich hoher Spannung.

Beispiel 9. Den Abb. 54 bis 56 liegen $\sigma_1 = 1000$ und $\sigma_2 = -1000\ \text{kg/cm}^2$ zugrunde. Die zugehörigen Dehnungen sind nach (59)

$$\varepsilon_1 = (1 + \mu)\,\alpha\,\sigma_1 = -\varepsilon_2 = (1 + 0,3)\,\frac{1000}{2\,100\,000} = 6,19 \cdot 10^{-4}.$$

Verformungsmaßstab $m_v = 1 \cdot 10^{-4}$ cm/cm $= 0,20$ cm.

Spannungsmaßstab nach (30)

$$m_s = \frac{2}{\beta} m_v = 2 \cdot 808\,000 \cdot 10^{-4} \cdot 1 = 161,6 \text{ kg/cm}^2 \text{ je } 0,20 \text{ cm}$$

oder 500 kg/cm² entsprechen 0,619 cm.

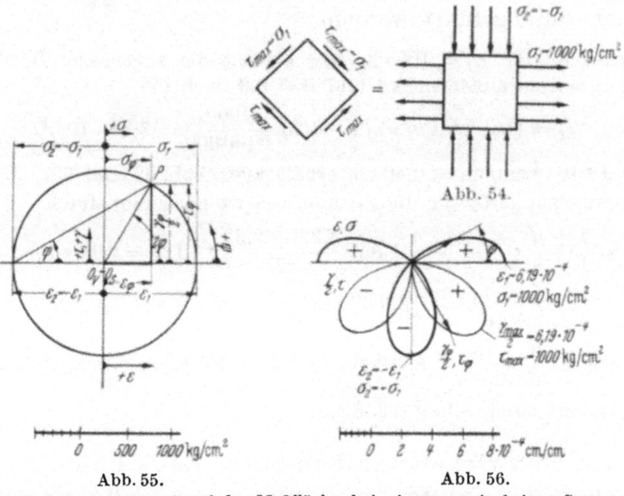

Abb. 54.

Abb. 55.   Abb. 56.

Abb. 54 bis 56. Belastungszustand auf der Meßfläche bei einem zweiachsigen Spannungszustand σ_1, $\sigma_2 = -\sigma_1$ an Stahl. Beispiel 9.

Die verhältnismäßig großen Dehnungen führen zu einem einfachen Verfahren der Bestimmung *reiner Schubspannungen*. Man mißt die Dehnungen in Ebenen unter 45° zu den Schubspannungen mittels Dehnungsmessern, so daß Schiebungsmesser, deren Handhabung schwierig ist, entbehrlich werden. Aus der örtlichen Dehnung ε_1 errechnet sich die Schubspannung $\tau_{max} = \sigma_1$ aus (59) und (18)

$$(60) \qquad \boxed{\tau_{max} = \frac{\varepsilon_1}{(1+\mu)\alpha} = \frac{2\,\varepsilon_1}{\beta}} \; .$$

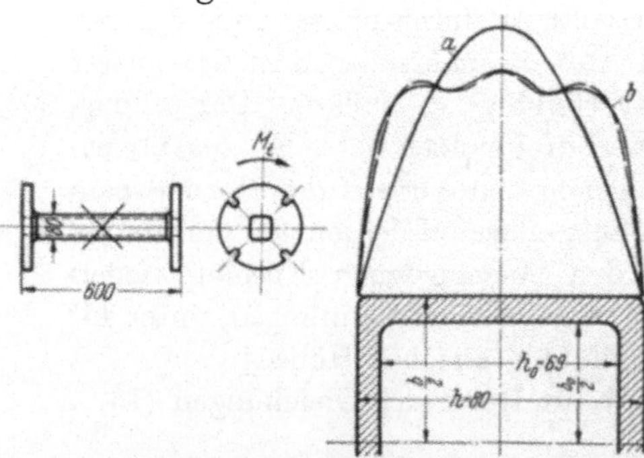

Abb. 57. Schubspannungen an einem auf Drehung beanspruchten Rohre quadratischen Umrisses. *a* Spannungen bei parabolischer Verteilung, *b* Meßwerte.

Das Verfahren wurde von Dr.-Ing. CRUMBIEGEL [*13*] zunächst an einem auf Drehung beanspruchten Stahlrohr runden Querschnittes ausgeprobt, wobei sich die rechnungsmäßige Größe und Verteilung der Dehnungen in den verschiedenen Richtungen voll bestätigt fanden und dann auf ein Rohr quadratischen Umrisses von 80 mm Seitenlänge mit abgerundeten

Ecken, Abb. 57, angewandt, das mittels angeschweißter Flansche in die große Drehfestigkeitsmaschine des Instituts für Werkstoffkunde, Aachen, eingespannt war. Während man nach der früheren Anschauung parabolische Verteilung der Spannungen mit Höchstwerten in der Mitte der Seiten und dem Wert Null an den Kanten annahm, führten die Messungen zu zahlenmäßig rund 20% niedrigeren Werten und zu wellenförmiger Verteilung längs der Seiten. Die ausgezogene Linie ergab sich aus Messungen mittels eines Tensometers von 10 mm Meßlänge, die gestrichelte Kurve nach dem Differenzenverfahren. Die Flächen unter der Parabel und unter den bei den Messungen gefundenen Kurven entsprachen dem aufgewandten Drehmoment, was die Richtigkeit der Messungen bestätigte. Der wellenförmige Verlauf ist auf die Wirkung der Hohlkehlen an der Innenfläche zurückzuführen.

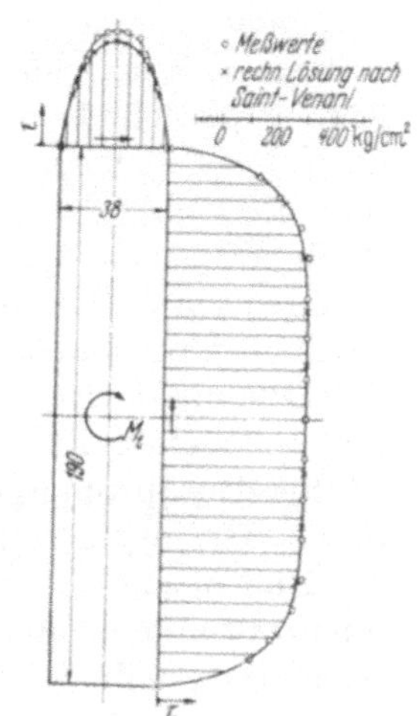

Abb. 58. Verteilung der Schubspannungen τ an einem rechteckigen Querschnitt bei $M_t = 40\,000$ kgcm.

UEBEL [14] wandte das gleiche Verfahren auf rechteckige Querschnitte verschiedener Seitenverhältnisse an und wies nach, daß die Schubspannungen mit großer Genauigkeit durch die SAINT VENANTsche Lösung des Problems ermittelt werden können, vgl. Abb. 58 für ein Rechteck vom Seitenverhältnis 5 : 1 bei $M_t = 40\,000$ kgcm Drehmoment. An einem auf Drehung beanspruchten I-Träger NP 20 fand er bei $M_t = 8840$ kgcm eine Spannungsverteilung nach Abb. 59, mit örtlichen Spannungssteigerungen in der Mitte der Flansche und in den Übergangskehlen der Flansche zum Steg.

4. Zusammengesetzte Spannungszustände.

Tafel I gibt polare Darstellungen der Dehnungen mit den zugehörigen Höchstwerten und Richtungen der Schiebungen bei einigen wichtigen Spannungszuständen, die an einer Meßfläche auftreten können, und veranschaulicht die Hauptformen der dabei vorkommenden Kurven.

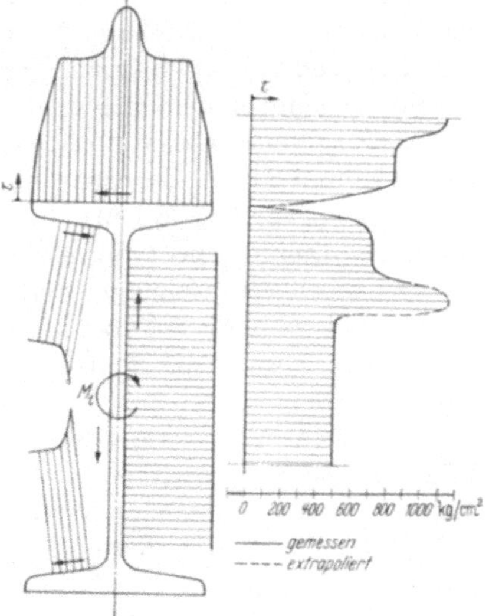

Abb. 59. Verteilung der Schubspannungen τ an einem Walzträger NP 20 bei $M_t = 8840$ kgcm.

Geht man von der einachsigen Beanspruchung auf Zug durch $\sigma_1 = 1000\ \text{kg/cm}^2$ (Zeile I) aus, und läßt eine zweite positive Hauptspannung σ_2 wirken, die über eine Zwischenstufe in Spalte 2 zur vollen Höhe von σ_1 anwächst, so geht die vierflügelige Dehnungskurve am Anfang der Zeile I a über die eingeschnürte Form in den Kreis (Spalte 3) über. Die Schiebung auf der Meßfläche $\gamma_{max}/2 = (\varepsilon_1 - \varepsilon_2)/2 = 3{,}09 \cdot 10^{-4}$ im Fall I 1 sinkt dabei auf Null. Schon hier sei jedoch auf die Schiebung *in* der Wandung, die in allen fünf Fällen $3{,}09 \cdot 10^{-4}$ beträgt, aufmerksam gemacht. Nimmt nunmehr σ_1 mit einer Zwischenstufe (Spalte 4) auf Null ab, während σ_2 mit $1000\ \text{kg/cm}^2$ gleichbleibt, so durchläuft die Dehnungskurve die gleichen Formen wie in Spalte 2 und 1, aber mit senkrechter großer Achse.

Bei den Spannungszuständen in Zeile II bleibt eine Druckspannung $\sigma_1 = -1000\ \text{kg/cm}^2$ zunächst unverändert (Spalte 1, 2 und 3), um dann auf Null zu sinken, während die zweite Hauptspannung σ_2 wie in Zeile I anfangs zunimmt und dann ihre Größe beibehält. Die zugehörige Verformungsverteilung ist in Zeile II a dargestellt. Man erkennt, daß sowohl die Stauchungen in Richtung der Druckspannungen σ_1 als auch die Reckungen in Richtung σ_2, aber auch die Schiebungen $\gamma_{max}/2$ nach Spalte 3 hin zunehmen. Sie führen in dieser Spalte zu einer symmetrischen Kurve, die nach Abb. 56 für unter $45°$ wirkende Schubspannungen $\tau = \sigma$ gilt. Bei abnehmender Druckspannung σ_1 und gleichbleibendem Zug von $\sigma_2 = 1000\ \text{kg/cm}^2$ entstehen Bilder II a 4 und II a 5, die um $90°$ gegenüber denjenigen in Spalte 2 und 1 versetzt sind.

Das Zusammenwirken von Zug- und Schubspannungen kennzeichnet Zeile III und III a. Zunehmende Schubspannung τ bei gleicher Zugspannung $\sigma_2 = 1000\ \text{kg/cm}^2$ bedingt beträchtliches Anwachsen der positiven Dehnungen (von $4{,}76 \cdot 10^{-4}$ auf $8{,}60 \cdot 10^{-4}$) und immer größer werdende Neigung derselben gegenüber der Normalspannung. Bei reinem Schubspannungszustand (Spalte 5) erreicht die Neigung $45°$. Auch die Schiebungen $\gamma_{max}/2$ wachsen auf mehr als das Doppelte.

In gleicher Weise wie Zeile III und III a veranschaulichen IV und IV a das Zusammenwirken von Druck- und Schubspannungen. Die Dehnungs- und Schiebungsverteilungen (Zeile IV a) zeigen gegenüber Zeile III a einen zur Lotrechten spiegelbildlichen Verlauf mit entgegengesetztem Vorzeichen. Die Dehnungsbilder III a 2, IV a 2; III a 3, IV a 3 und III a 4, IV a 4 kennzeichnen Zustände, die u. a. bei gleichzeitiger Beanspruchung einer zylindrischen Welle auf Biegung und Drehung auftreten. Denn durch das Biegemoment entstehen in den höchstbeanspruchten Werkstoffasern gleich hohe Zug- und Druckspannungen, während das Drehmoment auf der gesamten Wellenoberfläche Schubspannungen in bestimmter Höhe hervorruft.

Die ungünstige Wirkung von Schubspannungen auf die Größe der Dehnungen und Schiebungen tritt besonders deutlich hervor, wenn man die Kurven in den senkrechten Reihen vergleicht. Spalte 3 führt zu 1,86facher, also fast doppelt so hoher Anstrengung, wenn senkrecht zur zweiten Hauptspannung an Stelle von Zugspannungen Druckspannungen treten, zu 2,58facher Anstrengung, wenn Zug- oder Druckspannungen mit gleich hohen Schubspannungen zusammenwirken. Denn die größten positiven Dehnungen verhalten sich wie 3,33 zu 6,19 zu $8,60 \cdot 10^{-4}$.

Die größten auf der Meßfläche wirkenden Schiebungen γ_{max} treten in den Fällen II sowie III und IV der Spalte 3 in Höhe von 12,38 und $13,86 \cdot 10^{-4}$ cm/cm auf, betragen somit das 2- und 2,4fache derjenigen bei einachsiger Spannung, Spalte 1.

Wie schon oben erwähnt und in Abschnitt L näher nachgewiesen, ist zu beachten, daß die größte überhaupt auftretende Schubspannung im Meßpunkte nicht immer auf der Meßfläche herrscht, sondern in der Wandung auftreten kann. Sie wirkt unter 45° zur größeren Hauptspannung und beträgt

$$(61) \qquad \tau_{13} = \tau_{xz} = \sigma_1/2 \qquad \text{oder} \qquad \tau_{23} = \tau_{yz} = \sigma_2/2.$$

Die Beizeichen weisen auf die Ebenen, in denen diese Spannungen wirken, hin, 13 z. B. kennzeichnet eine zur Meßfläche senkrechte Ebene, in der die Hauptdehnung ε_1 liegt. Es ist zu prüfen, ob τ_{13} oder τ_{23} größer als τ_{12} in der Meßfläche ist. (x, y und z werden in Abschnitt K und L in Zusammenhang mit den Koordinatenachsen X, Y, Z benutzt.)

Die Beurteilung ist auch an Hand des Spannungskreises möglich; liegt der Bezugspunkt O_s des $\sigma\tau$-Koordinatensystems außerhalb des Spannungskreises über $(\sigma_1 - \sigma_2)$, so gilt bei $\sigma_1 > \sigma_2$ die Größe τ_{13} als überhaupt größte Schubspannung im Meßpunkte, andernfalls τ_{23}, wenn $\sigma_1 < \sigma_2$ ist.

Bei den Beispielen der Tafel I werden die Schiebungen in der Wandung in den Fällen I 2, 3 und 4 größer als die in der Meßfläche auftretenden. Die betreffenden Zahlenwerte $(\gamma_{\mathrm{max}}/2)Wg$ sind durch Umrandung hervorgehoben.

c) Zweiachsiger Spannungszustand, bei dem die Richtungen der Hauptdehnungen und deren Größe unbekannt sind.

1. Art und Anordnung der Messungen.

Zur Ermittlung der drei Unbekannten des Zustandes in einem bestimmten Punkte P, Abb. 60, nämlich der Richtung und der Größe der einen Hauptdehnung ε_1 und der Größe der anderen ε_2, sind mindestens *drei* Dehnungsmessungen in verschiedenen Richtungen notwendig. An sich können diese Richtungen beliebig gewählt werden. Zur Vereinfachung sowohl der rechnerischen als auch der zeichnerischen Ermittlung ist es aber zweckmäßig, von einer Grundmessung auszugehen und die beiden anderen *symmetrisch* unter $\pm\omega$ durchzuführen und so ε_0, ε_ω und $\varepsilon_{-\omega}$ zu bestimmen. Im folgenden sind die entsprechenden Beziehungen abgeleitet und anschließend die wichtigsten Sonderwerte für ω, nämlich ±60, ±45 und $\pm30°$ eingesetzt. Der Winkel φ_0 für die Richtung der Hauptdehnung ε_1 ist dabei auf den Strahl unter $0°$, also auf ε_0 zu beziehen.

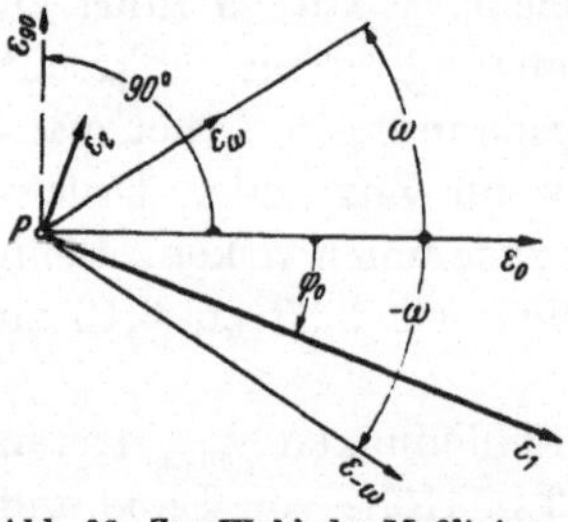

Abb. 60. Zur Wahl der Meßlinien.

Zur Nachprüfung der Richtigkeit der Messungen und zur Erhöhung ihrer Genauigkeit durch die Ausgleichrechnung, Abschnitt O c 2, ist es vorteilhaft, eine *Kontrollmessung* unter $90°$ zur Grundmessung ε_0 anzusetzen, falls eine solche möglich ist. Ihre Beziehungen zu den drei Hauptmessungen sind ebenfalls angegeben.

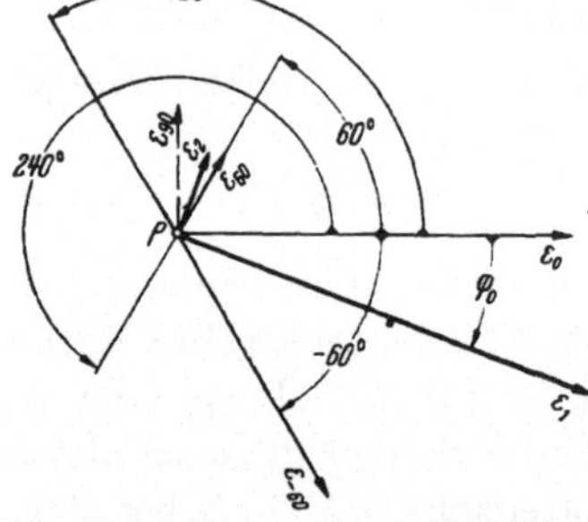

Abb. 61. Meßlinien unter 0 und $\pm60°$.

Was die Wahl des Winkels ω anlangt, so wird der Dehnungszustand am sichersten und mit Aussicht auf kleinste Fehler durch Messungen unter Null und $\pm60°$, Abb. 61, erfaßt. Sie können nämlich auch als solche unter 0, 120 und 240° betrachtet werden, also auf Strahlen, die den Umkreis des Meßpunktes in gleiche Teile teilen. Bei der Ermittlung der Dehnungen in einem größeren Felde legt man den Messungen zweckmäßig ein aus gleichseitigen Dreiecken bestehendes Liniennetz, Abb. 62, zugrunde.

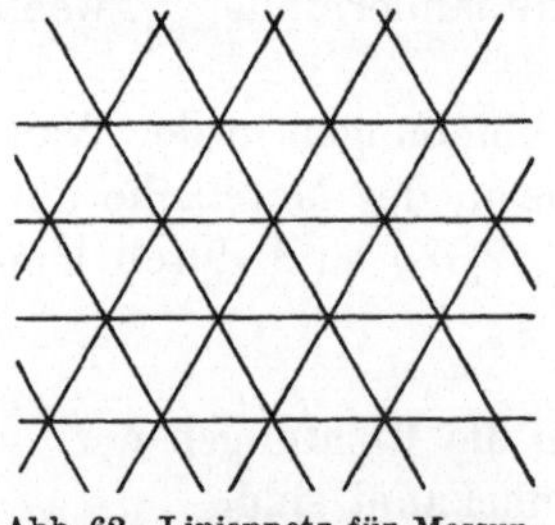

Abb. 62. Liniennetz für Messungen unter 0 und $\pm60°$.

Bei Messungen auf drehrunden Flächen, z. B. auf einem Deckel mit Kreuzrippen, Abb. 63, kann es sich empfehlen, die Meßpunkte auf einem Strahlennetz anzuordnen und die Messungen längs dieser Strahlen und unter $\pm60°$ zu ihnen durchzuführen.

Messungen unter 0 und $\pm45°$ sind dann zweckmäßig, wenn ein rechtwinkliges Liniennetz, Abb. 64, für die Meßpunkte erwünscht ist, z. B. an Flächen mit senkrecht zueinander stehenden Symmetrielinien. Die größere Ungenauigkeit, mit der man wegen des kleineren durch die Messungen erfaßten Gesamtwinkels rechnen muß, kann durch die obenerwähnte vierte Messung unter $90°$ ausgeglichen werden, indem man die Ergebnisse an Hand von Gl. (93) $\varepsilon_0 + \varepsilon_{90} = \varepsilon_{45} + \varepsilon_{-45}$ nachprüft.

Im Unterabschnitt 6 sind noch die Beziehungen für die vielfach üblichen Messungen unter 0, 45 und 90° nach Abb. 65 angegeben, wobei der Winkel φ_0 ebenfalls auf den Strahl unter 0° zu beziehen ist.

Messungen unter 0 und $\pm 30°$ kommen für die Ermittlung der Dehnungen in Kehlen in Betracht, wenn größere Winkel nicht möglich sind. Erläuternd sei hierzu folgendes bemerkt. Räumliche Konstruktionsteile pflegen der Herstellung und Bearbeitung wegen aus einfachen Formelementen, wie ebenen und gewölbten Platten, prismatischen, zylindrischen, kegeligen und kugeligen Grundkörpern oder aus Drehkörpern mit bestimmten Leitlinien zusammengesetzt zu werden. Flansche dienen zur Verbindung benachbarter Teile. Dort, wo diese Elemente zusammenstoßen, entstehen Durchdringungen in Gestalt von nach außen hervortretenden Kanten und Ecken oder in Form von einspringenden Kehlen (Hohlkehlen). Diese Stellen sind meist Orte besonders hoher Beanspruchung. Namentlich in den Kehlen kommen häufig beträchtliche,

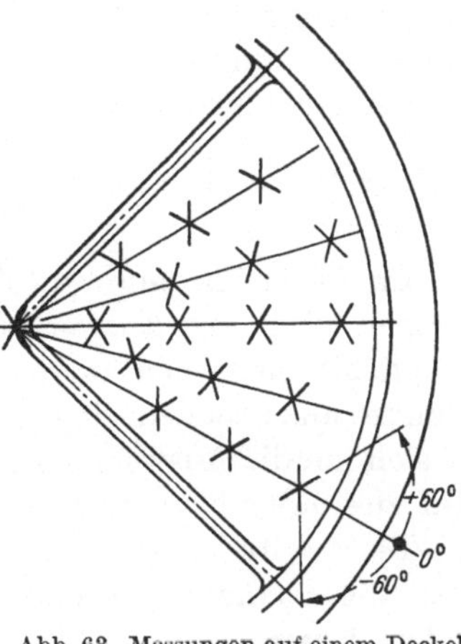
Abb. 63. Messungen auf einem Deckel mit Kreuzrippen.

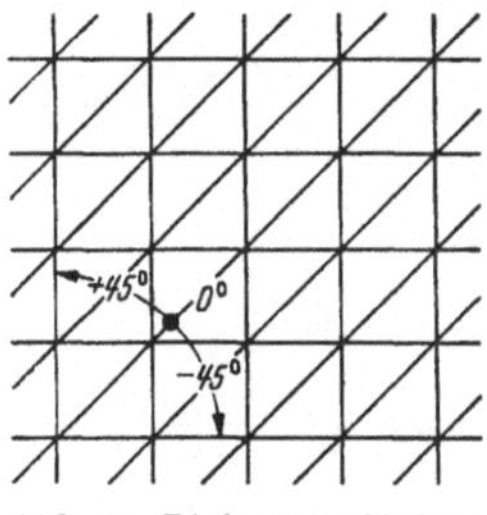
Abb. 64. Liniennetz für Messungen unter 0 und $\pm 45°$.

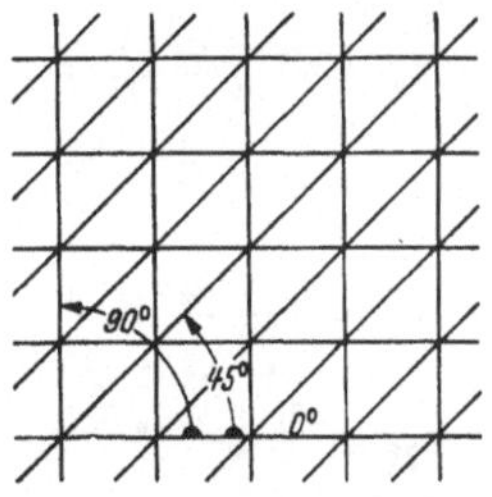
Abb. 65. Liniennetz für Messungen unter 0, 45 und 90°.

den Kerbwirkungen verwandte Spannungssteigerungen vor, die oft zu Brüchen führen. Dabei können sowohl große Spannungen quer zur Kehle, also senkrecht zur Durchdringungslinie, als auch längs derselben auftreten. Die Kenntnis der Größe und des Verlaufes dieser Spannungen ist für den Konstrukteur besonders wichtig, ihre eingehende Erforschung dringend erwünscht. Dehnungsmessungen an diesen Stellen sind aber vielfach schwierig, da die Meßflächen oft doppelt gekrümmt sind und sehr kleine Krümmungshalbmesser besitzen. Um möglichst genaue Ergebnisse zu erzielen, muß man entweder

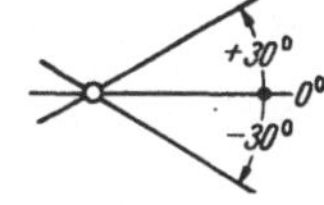
Abb. 66. Meßlinien unter 0 und $\pm 30°$.

Dehnungsmesser mit sehr kurzen Meßlängen (2 mm und auch weniger) anwenden, die man selbst in der Ebene des kleinsten Krümmungshalbmessers ansetzen kann, oder man mißt unter Benutzung größerer Meßlängen längs der Kehllinie, wo der größte Krümmungshalbmesser vorhanden zu sein pflegt und unter $\pm 30°$ dazu, Abb. 66. In flachen Kehlen können auch Messungen unter $\pm 45°$ zur Kehllinie in Betracht kommen.

2. Zur Wahl der rechnerischen oder der zeichnerischen Auswertung.

Im folgenden sind sowohl die rechnerischen als auch die zeichnerischen Wege zur Auswertung der Meßergebnisse näher behandelt. Es empfiehlt sich, den ersten bei der Untersuchung weniger einzelner Punkte anzuwenden, dagegen vom zweiten Gebrauch zu machen, wenn es sich um die Auswertung größerer Versuchsreihen oder von Messungen auf zusammenhängenden Flächen handelt.

Der zweite bietet zudem den großen Vorteil, daß sich die Dehnungs- und die Spannungsverhältnisse in einer einzigen Darstellung wiedergeben lassen.

3. Ermittlung des Verformungs- und Spannungszustandes bei Messungen unter 0 und $\pm \omega°$.

Unter der Annahme, daß die Hauptdehnungen ε_1 und ε_2 sowie der Winkel φ_0 zwischen ε_1 und ε_0 bekannt seien, wären nach Gleichung (11)

$$(62) \qquad \varepsilon_0 = \frac{\varepsilon_1 + \varepsilon_2}{2} + \frac{\varepsilon_1 - \varepsilon_2}{2} \cos 2\varphi_0 \,,$$

$$\varepsilon_\omega, \varepsilon_{-\omega} = \frac{\varepsilon_1 + \varepsilon_2}{2} + \frac{\varepsilon_1 - \varepsilon_2}{2} \cos 2(\varphi_0 \pm \omega) \,,$$

$$(63) \quad \varepsilon_\omega, \varepsilon_{-\omega} = \frac{\varepsilon_1 + \varepsilon_2}{2} + \frac{\varepsilon_1 - \varepsilon_2}{2} \cos 2\varphi_0 \cos 2\omega \mp \frac{\varepsilon_1 - \varepsilon_2}{2} \sin 2\varphi_0 \sin 2\omega \,,$$

$$(64) \qquad \varepsilon_{90} = \frac{\varepsilon_1 + \varepsilon_2}{2} + \frac{\varepsilon_1 - \varepsilon_2}{2} \cos 2(\varphi_0 + 90°) = \frac{\varepsilon_1 + \varepsilon_2}{2} - \frac{\varepsilon_1 - \varepsilon_2}{2} \cos 2\varphi_0 \,,$$

wobei für ε_ω die oberen, für $\varepsilon_{-\omega}$ die unteren Vorzeichen gelten.

Die Differenz von ε_ω und $\varepsilon_{-\omega}$ liefert

$$\varepsilon_\omega - \varepsilon_{-\omega} = -(\varepsilon_1 - \varepsilon_2) \sin 2\varphi_0 \sin 2\omega$$

oder

$$(65) \qquad (\varepsilon_1 - \varepsilon_2) \sin 2\varphi_0 = \frac{\varepsilon_{-\omega} - \varepsilon_\omega}{\sin 2\omega} \,,$$

während nach (63) und (62)

$$\varepsilon_\omega + \varepsilon_{-\omega} - 2\varepsilon_0 = (\varepsilon_1 - \varepsilon_2) \cos 2\varphi_0 \cos 2\omega - (\varepsilon_1 - \varepsilon_2) \cos 2\varphi_0$$

oder

$$(66) \qquad (\varepsilon_1 - \varepsilon_2) \cos 2\varphi_0 = \frac{2\varepsilon_0 - \varepsilon_\omega - \varepsilon_{-\omega}}{1 - \cos 2\omega}$$

folgt. Durch Division der Beziehungen (65) und (66) ergibt sich zur

Bestimmung der Richtung der Hauptdehnung ε_1 unter Beachtung, daß $1 - \cos 2\omega = 2 \sin^2 \omega$ und $\sin 2\omega = 2 \sin \omega \cos \omega$ ist,

$$(67) \qquad \boxed{\operatorname{tg} 2\varphi_0 = \frac{\varepsilon_{-\omega} - \varepsilon_\omega}{2\,\varepsilon_0 - \varepsilon_{-\omega} - \varepsilon_\omega}\,\operatorname{tg}\omega}\;.$$

Bei der Ermittlung von φ_0 ist sorgfältig auf die *einzelnen* Vorzeichen, die Nenner und Zähler haben, entsprechend den vier Fällen der Aufstellung 3 zu achten. Sind beide positiv, so liegt $2\varphi_0$ im ersten Quadranten; φ_0 ist positiv zu rechnen, Zahlenbeispiel 10 und 13.

Aufstellung 3.

Fall	Zähler	Nenner	tg $2\varphi_0$	φ_0	φ_0 anzutragen:
1	$+$	$+$	$+$	$+\varphi_0$	im Uhrzeigersinn
2	$+$	$-$	$-$	$90 - \varphi_0'$	„ „
3	$-$	$-$	$+$	$-90 + \varphi_0'$	entgegen Uhrzeigersinn
4	$-$	$+$	$-$	$-\varphi_0'$	„ „

Ist der Zähler positiv, der Nenner negativ, so reicht $2\varphi_0$ in den zweiten Quadranten und beträgt $2\varphi_0 = 180° - 2\varphi_0'$, wenn $2\varphi_0'$ der nach den gebräuchlichen Tangententafeln ermittelte Winkel ist, so daß

$$\varphi_0 = 90 - \varphi_0'$$

wird, Beispiel 16.

In den Fällen 3 und 4 betrachtet man zweckmäßig φ_0 als negativ und trägt es entgegen dem Uhrzeigersinn an die Richtung von ε_0 an, um die Hauptachse für ε_1 zu finden, vgl. Beispiel 17 für Fall 3 und Beispiel 12 und 14 für Fall 4.

(Bei den unten angegebenen zeichnerischen Auswertungen der gemessenen Dehnungen ergibt sich φ_0 und damit die Hauptachse für ε_1 *eindeutig* durch Halbieren der Winkel zwischen der positiven Abszissenachse und dem Strahl MF.)

Aus Gleichung (62) erhält man

$$\varepsilon_1 + \varepsilon_2 = 2\varepsilon_0 - (\varepsilon_1 - \varepsilon_2) \cos 2\varphi_0,$$

eine Beziehung, die mit Hilfe von Gleichung (66) in die Form

$$(68) \qquad \varepsilon_1 + \varepsilon_2 = \frac{\varepsilon_\omega + \varepsilon_{-\omega} - 2\varepsilon_0 \cos 2\omega}{1 - \cos 2\omega}$$

übergeht. Andererseits kann aus Gleichung (65)

$$(69) \qquad \varepsilon_1 - \varepsilon_2 = \frac{\varepsilon_{-\omega} - \varepsilon_\omega}{\sin 2\omega \sin 2\varphi_0}$$

abgeleitet werden. Die Summe und die Differenz der beiden letzten Beziehungen führen zu den Hauptdehnungen

$$(70) \qquad \boxed{\varepsilon_1,\,\varepsilon_2 = \frac{\varepsilon_\omega + \varepsilon_{-\omega} - 2\varepsilon_0 \cos 2\omega}{2\,(1 - \cos 2\omega)} \pm \frac{\varepsilon_{-\omega} - \varepsilon_\omega}{2 \sin 2\omega \sin 2\varphi_0}}\;.$$

ε_1 und ε_2 lassen sich auch unmittelbar aus den gemessenen Dehnungen ε_0, $\varepsilon_{\pm\omega}$ und dem Winkel ω berechnen, da nach den Gleichungen (65) und (66) über $\sin^2 2\varphi_0 + \cos^2 2\varphi_0 = 1$

$$(71) \qquad \varepsilon_1 - \varepsilon_2 = \sqrt{\left(\frac{2\varepsilon_0 - \varepsilon_{-\omega} - \varepsilon_\omega}{1 - \cos 2\omega}\right)^2 + \left(\frac{\varepsilon_{-\omega} - \varepsilon_\omega}{\sin 2\omega}\right)^2}$$

wird und mit Gleichung (68) zu

$$(72) \qquad \varepsilon_1,\, \varepsilon_2 = \frac{\varepsilon_\omega + \varepsilon_{-\omega} - 2\varepsilon_0 \cos 2\omega}{2\,(1 - \cos 2\omega)} \pm \frac{1}{2} \sqrt{\left(\frac{2\varepsilon_0 - \varepsilon_{-\omega} - \varepsilon_\omega}{1 - \cos 2\omega}\right)^2 + \left(\frac{\varepsilon_\omega - \varepsilon_\omega}{\sin 2\omega}\right)^2}$$

führt.

Bemerkt sei, daß das erste Glied der Gleichungen (70) und (72) den Abstand des Mittelpunktes M des Verformungskreises vom Koordinatenanfangspunkt O_v, das zweite den Halbmesser dieses Kreises angibt.

Eine Messung der Dehnung ε_{90} unter $90°$ zu ε_0 ermöglicht die Nachprüfung der Richtigkeit der anderen Dehnungen an Hand von (62) und (64), wonach

$$(73) \qquad \varepsilon_0 + \varepsilon_{90} = \varepsilon_1 + \varepsilon_2$$

ist, während Gleichung (68) zu

$$(74) \qquad \varepsilon_{90} = \frac{\varepsilon_\omega + \varepsilon_{-\omega} - \varepsilon_0\,(1 + \cos 2\omega)}{1 - \cos 2\omega}$$

führt.

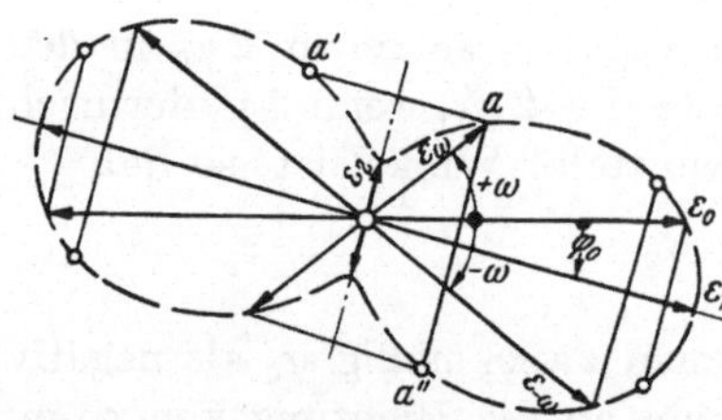

Abb. 67. Polare Auftragung der Ergebnisse einer Dehnungsmessung.

Zur Nachprüfung der gesamten Ermittlung empfiehlt es sich, die in einem bestimmten Punkte gemessenen Dehnungen zusammen mit den berechneten Hauptdehnungen polar aufzutragen, Abb. 67. Die Endpunkte müssen unter Beachtung der Vorzeichen — Dehnungen werden positiv gerechnet und durch Pfeile nach außen gekennzeichnet, Stauchungen negativ mit Pfeilen zum Pol hin aufgetragen — auf einer Kurve nach Art der auf Tafel I dargestellten liegen. Wie sich aus den Meßwerten weitere Kurvenpunkte, z. B. a' und a'' aus a, auf Grund der Symmetrie zu den Hauptachsen finden lassen, zeigt die Abb. 67.

Die Kurven sind bei den folgenden Beispielen umgekehrt aus den Hauptdehnungen und -spannungen abgeleitet. Bei fehlerfreier Ermittlung der letzteren müssen sich die gemessenen Werte nach Größe und Richtung in die Linien einfügen, die eine anschauliche Vorstellung über die Beanspruchung der betreffenden Stelle vermitteln, Linien, die allerdings zur Lösung der Aufgaben nicht erforderlich sind.

Sind ε_1 und ε_2 gefunden, so lassen sich die Hauptspannungen σ_1 und σ_2 nach (33) berechnen, wodurch der Belastungszustand umschrieben ist.

Will der Gestalter die Beanspruchung nach der größten Schubspannung beurteilen, so muß er die in der Meßfläche herrschende

$$(75) \qquad \tau_{\text{max Meßfl.}} = \gamma_{\text{max}}/\beta = (\varepsilon_1 - \varepsilon_2)/\beta$$

mit den beiden in der Wandung nach Beziehung (61) wirkenden vergleichen.

In einfacher Weise kann man an Hand der Gleichung (20) auch die zu den gemessenen Dehnungen gehörigen Schiebungen γ_0, γ_ω, $\gamma_{-\omega}$ und γ_{90} berechnen:

$$(76) \qquad \gamma_0 = (\varepsilon_1 - \varepsilon_2) \sin 2\varphi_0,$$

$$(77) \qquad \gamma_\omega, \gamma_{-\omega} = (\varepsilon_1 - \varepsilon_2) \sin 2 (\varphi_0 \pm \omega) = (\varepsilon_1 - \varepsilon_2) \sin 2\varphi_0 \cos 2\omega$$
$$\pm (\varepsilon_1 - \varepsilon_2) \cos 2\varphi_0 \sin 2\omega,$$

$$(78) \qquad \gamma_{90} = (\varepsilon_1 - \varepsilon_2) \sin 2 (\varphi_0 + 90) = -(\varepsilon_1 - \varepsilon_2) \sin 2\varphi_0.$$

Aus den Gleichungen (76), (78) und (65) folgt

$$(79) \qquad \gamma_0 = -\gamma_{90} = \frac{\varepsilon_{-\omega} - \varepsilon_\omega}{\sin 2\omega}.$$

Aus (77), (65) und (66) ergibt sich

$$(80) \qquad \gamma_\omega + \gamma_{-\omega} = 2 (\varepsilon_{-\omega} - \varepsilon_\omega) \frac{\cos 2\omega}{\sin 2\omega},$$

$$(81) \qquad \gamma_\omega - \gamma_{-\omega} = 2 (2\varepsilon_0 - \varepsilon_{-\omega} - \varepsilon_\omega) \frac{\sin 2\omega}{1 - \cos 2\omega}$$

und daraus

$$(82) \qquad \gamma_\omega, \gamma_{-\omega} = \frac{\varepsilon_{-\omega} - \varepsilon_\omega}{\sin 2\omega} \cos 2\omega \pm \frac{2\varepsilon_0 - \varepsilon_{-\omega} - \varepsilon_\omega}{1 - \cos 2\omega} \sin 2\omega,$$

wobei das $+$-Zeichen für γ_ω und das $-$-Zeichen für $\gamma_{-\omega}$ gilt.

Aus Beziehung (79) ist ersichtlich, daß zur Ermittlung einer Schiebung γ_0 oder einer *Schubspannung* $\tau_0 = \gamma_0/\beta$ in einer beliebigen Ebene schon *zwei* Dehnungsmessungen ausreichen, die unter $+\omega$ und $-\omega$ gegenüber dieser Ebene durchgeführt werden.

In ähnlicher Weise genügen *zwei* Dehnungsmessungen, wenn die Aufgabe vorliegt, lediglich die *Normalspannung* σ in einer beliebigen Ebene zu bestimmen. Die eine Messung ist in der betreffenden Ebene, die andere senkrecht dazu anzustellen. Die entsprechenden Dehnungen ε_φ und $\varepsilon_{\varphi+90}$ führen nach dem Überlagerungsgesetz (33), das nachweisbar für beliebige senkrecht zueinander stehende Dehnungsrichtungen gilt, zu

$$(83) \qquad \sigma_\varphi = \frac{\varepsilon_\varphi + \mu \varepsilon_{\varphi+90}}{(1 - \mu^2) \alpha}.$$

4. Auswertung von Messungen unter 0 und $\pm 60°$.

α) **Rechnerische Ermittlung.** Setzt man in den Gleichungen (67), (70) und (72) $\omega = 60°$ ein, so ergeben sich der Winkel φ_0 zwischen ε_0 und ε_1 unter Beachtung von Aufstellung 3 aus

$$(84) \qquad \boxed{\operatorname{tg} 2\varphi_0 = \frac{\varepsilon_{-60} - \varepsilon_{60}}{2\varepsilon_0 - \varepsilon_{-60} - \varepsilon_{60}} \sqrt{3}}$$

und die Hauptdehnungen aus

$$(85) \qquad \varepsilon_1,\, \varepsilon_2 = \frac{(\varepsilon_0 + \varepsilon_{60} + \varepsilon_{-60})}{3} \pm \frac{\varepsilon_{-60} - \varepsilon_{60}}{\sqrt{3}\,\sin 2\varphi_0}$$

oder nach

$$(86) \quad \varepsilon_1,\, \varepsilon_2 = (\varepsilon_{60} + \varepsilon_{-60} + \varepsilon_0)/3 \pm \sqrt{(2\varepsilon_0 - \varepsilon_{-60} - \varepsilon_{60})^2 + 3\,(\varepsilon_{-60} - \varepsilon_{60})^2}/3$$

unmittelbar aus den Meßwerten.

Die Kontrollmessung ε_{90} muß nach Gleichung (74) der Beziehung

$$(87) \qquad \varepsilon_{90} = (2\,\varepsilon_{60} + 2\,\varepsilon_{-60} - \varepsilon_0)/3$$

genügen.

Die zu den gemessenen Dehnungen gehörigen Schiebungen folgen aus den Gleichungen (79) und (82)

$$(88) \qquad \gamma_0/2 = -\gamma_{90}/2 = (\varepsilon_{-60} - \varepsilon_{60})/\sqrt{3},$$

$$(89) \qquad \begin{cases} \gamma_{60}/2 = (\varepsilon_0 - \varepsilon_{-60})/\sqrt{3}, \\[2mm] \gamma_{-60}/2 = -(\varepsilon_0 - \varepsilon_{60})/\sqrt{3}. \end{cases}$$

β) Zeichnerische Ermittlung. Vorausgeschickt sei, daß es sich empfiehlt, die wichtigen Punkte einheitlich zu bezeichnen. Ausgehend vom

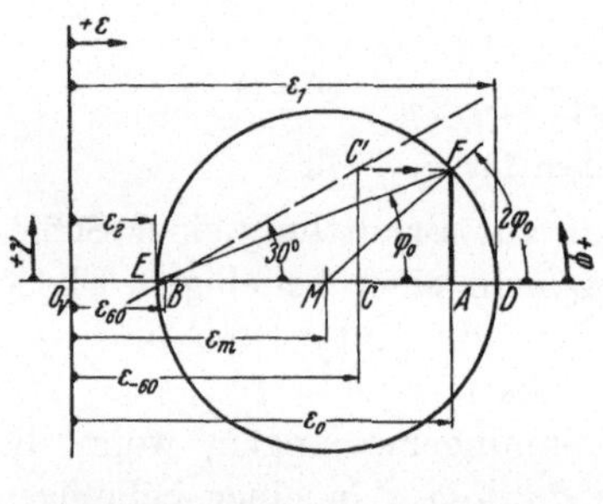

Ausgangspunkt O oder O_v der Darstellung, Abb. 68, sind im folgenden die Endpunkte der *gemessenen* Dehnungen ε_0 mit A, ε_ω mit B, $\varepsilon_{-\omega}$ mit C bezeichnet, während die Schnittpunkte des Verformungskreises mit der Abszissenachse, also die Endpunkte der *Hauptdehnungen* ε_1 und ε_2, D und E heißen. Das Lot in A führt zum Schnittpunkt mit dem Kreise F und damit zum Halbmesser MF des Verformungskreises, der mit der positiven ε-Achse den Winkel $2\,\varphi_0$ bildet. Entsprechendes gilt auch für die Spannungskreise.

Abb. 68. Auswertung von Messungen unter 0 und ±60°.

Trägt man längs der Abszissenachse eines rechtwinkligen Koordinatensystems, Abb. 68, vom Anfangspunkt O_v aus die gemessenen Dehnungen $\varepsilon_0 = O_v A$, $\varepsilon_{60} = O_v B$, $\varepsilon_{-60} = O_v C$ sowie deren arithmetisches Mittel $\varepsilon_m = (\varepsilon_0 + \varepsilon_{60} + \varepsilon_{-60})/3 = O_v M$ unter Berücksichtigung ihrer Vorzeichen auf, so erhält man in M den Mittelpunkt des Verformungskreises. Zieht man durch den Endpunkt B von ε_{60} eine Gerade unter *stets +30°* zur positiven Abszissenachse, die das Lot in C im Punkte C' schneidet, so ergibt sich durch Parallelverschieben von $C\,C'$ nach Punkt A das Lot AF und in MF der Halbmesser des Verformungskreises. Die Schnittpunkte des Kreises mit der Abszissenachse D und E

liefern die Hauptdehnungen $\varepsilon_1 = O_v D$ und $\varepsilon_2 = O_v E$, während der Peripheriewinkel $DEF = \varphi_0$ die Richtung zwischen ε_0 und ε_1 angibt. Da er im vorliegenden Falle positiv ist, ist er entsprechend Aufstellung 3 an ε_0, Abb. 61, im Uhrzeigersinn anzutragen.

Die zu den Dehnungen ε_{60} und ε_{-60} gehörigen Schiebungen findet man in Abb. 69 durch Ziehen von Radien unter $\pm 120°$ zu MF, die den Kreis in G und H schneiden. BG und CH sind die gesuchten Schie-

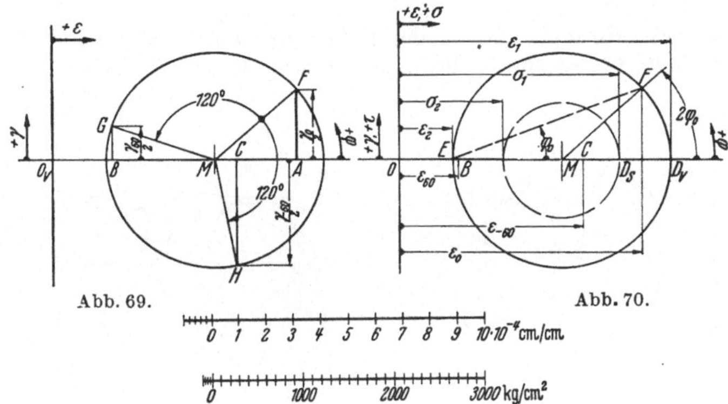

Abb. 69.   Abb. 70.

$$0 \quad 1 \quad 2 \quad 3 \quad 4 \quad 5 \quad 6 \quad 7 \quad 8 \quad 9 \quad 10\cdot10^{-4}\,\mathrm{cm/cm}$$

$$0 \qquad 1000 \qquad 2000 \qquad 3000\,\mathrm{kg/cm^2}$$

Abb. 69. Nachprüfung der zeichnerischen Ermittlung an Hand der Schiebungen.
Abb. 70. Beispiel 10.

bungen. Dabei dient zur Nachprüfung der Konstruktion, daß BG und CH senkrecht zur Abszissenachse stehen müssen.

Der Nachweis der Richtigkeit der zeichnerischen Ermittlung läßt sich an Hand des rechtwinkligen Dreiecks MAF, Abb. 68, führen. Es ist

$$\frac{AF}{AM} = \frac{BC\,\mathrm{tg}\,30°}{O_v A - O_v M} = \frac{\varepsilon_{-60} - \varepsilon_{60}}{\varepsilon_0 - (\varepsilon_0 + \varepsilon_{60} + \varepsilon_{-60})/3}\,\mathrm{tg}\,30° = \frac{\varepsilon_{-60} - \varepsilon_{60}}{2\varepsilon_0 - \varepsilon_{-60} - \varepsilon_{60}}\sqrt{3} = \mathrm{tg}\,2\varphi_0$$

nach Beziehung (84) und

$$\varepsilon_1, \varepsilon_2 = O_v M \pm MF = O_v M \pm \frac{AF}{\sin 2\varphi_0} = O_v M \pm \frac{BC\,\mathrm{tg}\,30°}{\sin 2\varphi_0},$$

$$\varepsilon_1, \varepsilon_2 = \frac{\varepsilon_0 + \varepsilon_{60} + \varepsilon_{-60}}{3} \pm \frac{\varepsilon_{-60} - \varepsilon_{60}}{\sqrt{3}\,\sin 2\varphi_0}$$

in Übereinstimmung mit Gleichung (85).

Beispiel 10. Gemessen: $\varepsilon_0 = 8{,}90 \cdot 10^{-4}$, $\varepsilon_{60} = 2{,}15 \cdot 10^{-4}$, $\varepsilon_{-60} = 6{,}73 \cdot 10^{-4}$

1. *Rechnerische Lösung.*

$$\mathrm{tg}\,2\varphi_0 = \sqrt{3}\,\frac{\varepsilon_{-60} - \varepsilon_{60}}{2\varepsilon_0 - \varepsilon_{-60} - \varepsilon_{60}} = 1{,}732\,\frac{(6{,}73 - 2{,}15) \cdot 10^{-4}}{(2 \cdot 8{,}90 - 6{,}73 - 2{,}15) \cdot 10^{-4}}$$

$$= 1{,}732 \cdot \frac{+4{,}58}{+8{,}92} = 0{,}889.$$

$$2\varphi_0 = 41° 39'; \quad \varphi_0 = 20° 50'.$$

$$\varepsilon_1, \varepsilon_2 = \frac{\varepsilon_0 + \varepsilon_{60} + \varepsilon_{-60}}{3} \pm \frac{\varepsilon_{-60} - \varepsilon_{60}}{\sqrt{3}\,\sin 2\varphi_0} = \left(\frac{8,90 + 2,15 + 6,73}{3} \pm \frac{6,73 - 2,15}{\sqrt{3} \cdot 0,665}\right) \cdot 10^{-4}$$

$$= (5,93 \pm 3,98) \cdot 10^{-4}.$$

$$\varepsilon_1 = 9,91 \cdot 10^{-4}, \quad \varepsilon_2 = 1,95 \cdot 10^{-4}.$$

$$\sigma_1 = \frac{\varepsilon_1 + \mu\,\varepsilon_2}{\alpha\,(1 - \mu^2)} = (9,91 + 0,3 \cdot 1,95) \cdot 10^{-4} \cdot 2310000 = 2424 \text{ kg/cm}^2,$$

$$\sigma_2 = \frac{\varepsilon_2 + \mu\,\varepsilon_1}{\alpha\,(1 - \mu^2)} = (1,95 + 0,3 \cdot 9,91) \cdot 10^{-4} \cdot 2310000 = 1137 \text{ kg/cm}^2.$$

2. Die *zeichnerische Ermittlung* der Dehnungen und Schiebungen ist in den Abb. 68 und 70 bei einem Verformungsmaßstab 1 cm = $3 \cdot 10^{-4} = m_v$ durch-

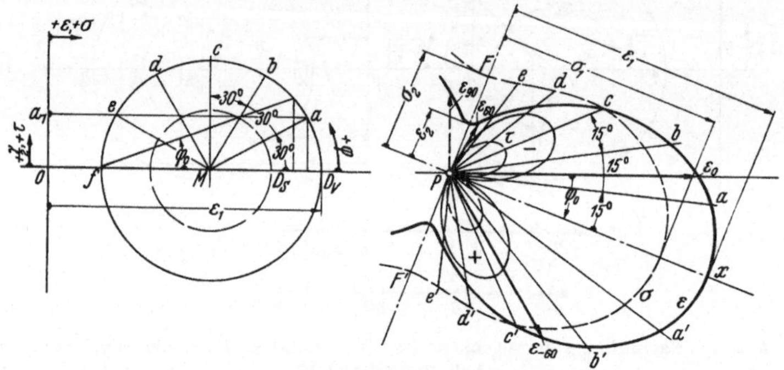

Abb. 71 und 72. Zu Beispiel 10.

geführt und oben erläutert. Dabei folgte die Lage des Mittelpunktes M des Verformungskreises aus

$$O_v M = \varepsilon_m = (\varepsilon_0 + \varepsilon_{60} + \varepsilon_{-60})/3 = (8,90 + 2,15 + 6,73) \cdot 10^{-4}/3 = 5,93 \cdot 10^{-4},$$

d. s. 1,98 cm im Maßstab der Zeichnung.

Sollen nach Abb. 70 die Spannungen auf den gleichen Anfangspunkt O bezogen werden, so ergibt sich der Halbmesser des Spannungskreises nach (41)

$$M D_s = \frac{1 - \mu}{1 + \mu} \cdot \frac{\varepsilon_1 - \varepsilon_2}{2} = 0,538 \frac{9,91 - 1,95}{2} \cdot 10^{-4} = 2,14 \cdot 10^{-4} \text{ oder } 0,71 \text{ cm}$$

und der Spannungsmaßstab nach (38)

$$m_s = \frac{2}{\beta} \cdot \frac{1 + \mu}{1 - \mu}\, m_v = 2 \cdot 808000 \cdot 1,857 \cdot 3 \cdot 10^{-4} = 900 \text{ kg/cm}^2 \text{ je cm}.$$

Da der Bezugspunkt O außerhalb des Spannungskreises liegt, ist mit der größten Schubspannung

$$\tau_{13} = \sigma_1/2 = 1212 \text{ kg/cm}^2$$

im Innern der Wandung zu rechnen.

An dem Beispiel sei gezeigt, wie sich die polare Darstellung der Dehnungen und Spannungen aus den zugehörigen Kreisen herleiten läßt. Zur Ermittlung der Dehnungsverteilung geht man in Abb. 71 vom Endpunkt D_v der Hauptdehnung ε_1 aus und teilt den Verformungskreis durch Strahlen $a, b \ldots f$ in eine Anzahl gleicher Sektoren, z. B. mit Zentriwinkeln von je 30°. Das Achsenkreuz für die polare Darstellung, Abb. 72, findet man dann durch Antragen des Winkels φ_0 an der Richtung von ε_0 im *entgegengesetzten* Sinne, wie φ_0 im Verformungskreis gefunden wurde, im vorliegenden Falle also im Sinne des Uhrzeigers. Von dieser Grundrichtung Px aus entwickelt man ein Strahlenbüschel Pa, Pb, ... Pa', Pb' ... mit dem halben Zentriwinkel, hier also von je 15°, und trägt auf demselben die zu den entsprechenden Strahlen im Verformungskreis gehörigen Dehnungen auf, z. B. auf dem Strahl Px die Hauptdehnung ε_1, auf Pa und Pa' die Dehnung aa_1 usw. So ergibt sich die stark ausgezogene Kurve der Dehnung ε, für welche Px

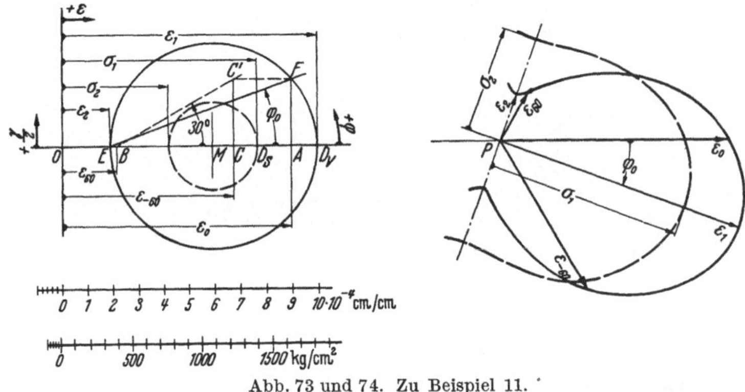

Abb. 73 und 74. Zu Beispiel 11.

eine Haupt- und Symmetrieachse ist. In die Kurve müssen sich die gemessenen Dehnungen ε_0, ε_{60} und ε_{-60} nach Größe und Richtung einfügen, wenn ε_1 und ε_2 richtig ermittelt wurden.

Die dünn ausgezogene Linie der Schiebungen $\gamma/2$ entsteht durch Abtragen der Ordinaten der Teilpunkte des Verformungskreises. Von der zweiflügeligen Kurve ist der eine Teil positiv, der andere negativ.

Auf ganz entsprechende Weise leiten sich die gestrichelten Kurven für die Normalspannungen σ und die Schubspannungen τ aus dem Spannungskreise her.

In den folgenden Beispielen ist der Verlauf der Dehnungen und der Normalspannungen stets vollständig angegeben; dagegen sind jeweils nur die größten Werte $\gamma_{max}/2$ und τ_{max} der Schiebungen und Schubspannungen eingetragen.

Beispiel 11. Sind die gleichen Dehnungen wie in Beispiel 10 an Gußeisen Ge 18·91 gemessen, so ändert sich der Belastungszustand gemäß Abb. 73 und 74. Ausgehend von demselben Verformungskreis Abb. 68 wird der Halbmesser des Spannungskreises nach (41)

$$M D_s = \frac{1-\mu}{1+\mu} \cdot \frac{\varepsilon_1 - \varepsilon_2}{2} = 0,428 \frac{(9.91 - 1,95) \cdot 10^{-4}}{2} = 1,704 \cdot 10^{-4}$$

oder im Maßstab der Verformungen 0,568 cm.

Rötscher-Jaschke, Dehnungsmessungen. 4

Er ist kleiner als im Fall von Stahl, während die polare Spannungskurve weniger eingeschnürt ist.

Der Spannungsmaßstab (38)

$$m_s = \frac{2}{\beta}\,\frac{1+\mu}{1-\mu}\,m_v = 2 \cdot 394\,000 \cdot 2,33 \cdot 3 \cdot 10^{-4} = 551 \text{ kg/cm}^2 \text{ je cm}$$

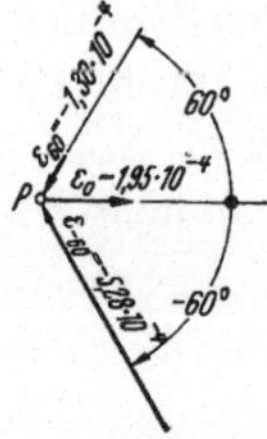

oder 1000 kg/cm² = 1,815 cm ist beträchtlich größer, so daß die Spannungen zahlenmäßig kleiner werden. Es ist

$$\sigma_1 = 1400, \qquad \sigma_2 = 773 \text{ kg/cm}^2.$$

Beispiel 12. Ist $\varepsilon_0 = 1,95 \cdot 10^{-4}$ positiv, sind dagegen $\varepsilon_{60} = -1,30 \cdot 10^{-4}$ und $\varepsilon_{-60} = -5,28 \cdot 10^{-4}$ negativ, Abb. 75, so liefert die Rechnung im Falle von Stahl

Abb. 75.

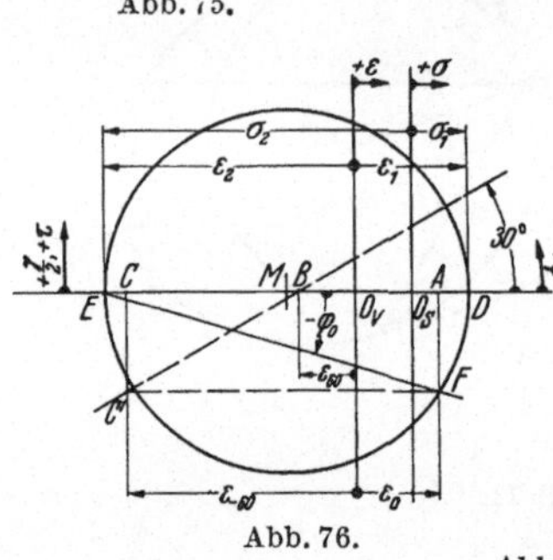

Abb. 76.

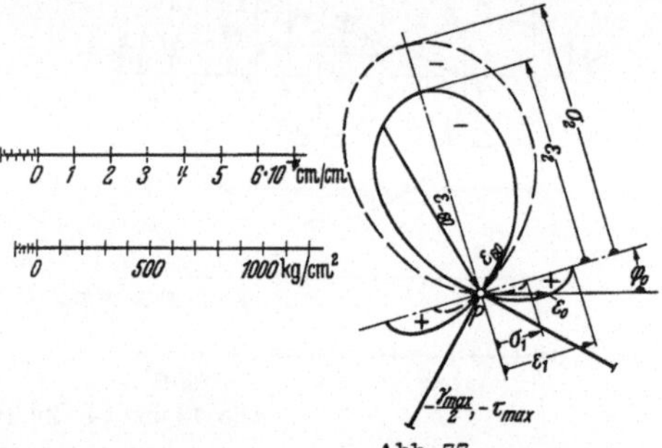

Abb. 77.

Abb. 75 bis 77. Zu Beispiel 12.

$$\operatorname{tg} 2\varphi_0 = \sqrt{3}\,\frac{\varepsilon_{-60} - \varepsilon_{60}}{2\varepsilon_0 - \varepsilon_{-60} - \varepsilon_{60}} = 1,732 \frac{(-5,28 + 1,30) \cdot 10^{-4}}{(2 \cdot 1,95 + 5,28 + 1,30) \cdot 10^{-4}}$$

$$= 1,732 \cdot \frac{-3,98}{+10,48} = -0,658.$$

$$2\varphi_0' = 33° 20'; \qquad \varphi_0 = -16° 40',$$

die Hauptdehnungen

$$\varepsilon_1, \varepsilon_2 = \frac{\varepsilon_0 + \varepsilon_{60} + \varepsilon_{-60}}{3} \pm \frac{\varepsilon_{-60} - \varepsilon_{60}}{\sqrt{3}\,\sin 2\varphi_0} = \left(\frac{1,95 - 1,30 - 5,28}{3} \pm \frac{-5,28 + 1,30}{1,732 \cdot (-0,550)}\right) \cdot 10^{-4}$$

$$= (-1,54 \pm 4,18) \cdot 10^{-4},$$

$$\varepsilon_1 = 2,64 \cdot 10^{-4}, \quad \varepsilon_2 = -5,72 \cdot 10^{-4},$$

die Hauptspannungen

$$\sigma_1 = \frac{\varepsilon_1 + \mu\,\varepsilon_2}{\alpha\,(1 - \mu^2)} = (2,64 - 0,3 \cdot 5,72) \cdot 10^{-4} \cdot 2\,310\,000 = 210 \text{ kg/cm}^2,$$

$$\sigma_2 = \frac{\varepsilon_2 + \mu\,\varepsilon_1}{\alpha\,(1 - \mu^2)} = (-5,72 + 0,3 \cdot 2,64) \cdot 10^{-4} \cdot 2\,310\,000 = -1140 \text{ kg/cm}^2.$$

Die zeichnerische Lösung bietet Abb. 76 an Hand zweier Bezugspunkte und eines gemeinsamen Kreises. Verformungsmaßstab 1 cm = $3 \cdot 10^{-4}$ cm/cm = m_v.

$$\varepsilon_m = (\varepsilon_0 + \varepsilon_{60} + \varepsilon_{-60})/3 = (1,95 - 1,30 - 5,28) \cdot 10^{-4}/3 = -1,54 \cdot 10^{-4} = O_v M$$

liefert den Mittelpunkt M des Verformungskreises. Die Gerade unter $+30°$ im Endpunkte B von $O_v B = \varepsilon_{60}$ schneidet das Lot in C bei $O_v C = \varepsilon_{-60}$ unterhalb der Abszissenachse, führt also zu einem negativen Wert für CC', der nach A als AF übertragen, den Kreishalbmesser MF und die Hauptdehnungen

$$\varepsilon_1 = O_v D = 2{,}64 \cdot 10^{-4} \quad \text{und} \quad \varepsilon_2 = O_v E = -5{,}72 \cdot 10^{-4}$$

ergibt, während $\varphi_0 = \sphericalangle FEM$ negativ wird.

In der polaren Darstellung des Beanspruchungszustandes, Abb. 77, wurde φ_0 deshalb *im Sinne* des Uhrzeigers an die Richtung von ε_0 angetragen und der Verformungskreis im gleichen Sinne durchlaufen.

Lage des Bezugspunktes O_s für die Spannungen nach (36)

$$MO_s = \frac{1+\mu}{1-\mu} \cdot \frac{\varepsilon_1 + \varepsilon_2}{2} = 1{,}857 \frac{2{,}64 - 5{,}72}{2} \, 10^{-4} = -2{,}86 \cdot 10^{-4} \text{ oder } -0{,}95 \text{ cm.}$$

Spannungsmaßstab gemäß (30)

$$m_s = \frac{2}{\beta} \, m_v = 2 \cdot 808\,000 \cdot 3 \cdot 10^{-4} = 485 \text{ kg/cm}^2 \text{ je cm}$$

oder $1000 \text{ kg/cm}^2 = 2{,}06 \text{ cm.}$

Da O_s innerhalb des Spannungskreises liegt, ist die an der Meßfläche wirksame Schubspannung $\tau_{\max} = 675 \text{ kg/cm}^2$ die größte im vorliegenden Fall auftretende.

5. Auswertung von Messungen unter 0 und $\pm 45°$.

α) Rechnerische Ermittlung. Mit $\omega = 45°$ gehen die Gleichungen (67), (70) und (72) über in

$$(90) \qquad \boxed{\operatorname{tg} 2\varphi_0 = \frac{\varepsilon_{-45} - \varepsilon_{45}}{2\varepsilon_0 - \varepsilon_{-45} - \varepsilon_{45}}},$$

$$(91) \qquad \boxed{\varepsilon_1, \varepsilon_2 = \frac{\varepsilon_{45} + \varepsilon_{-45}}{2} \pm \frac{\varepsilon_{-45} - \varepsilon_{45}}{2\sin 2\varphi_0}}$$

oder

$$(92) \qquad \varepsilon_1, \varepsilon_2 = \frac{\varepsilon_{45} + \varepsilon_{-45}}{2} \pm \frac{1}{2} \sqrt{(2\varepsilon_0 - \varepsilon_{-45} - \varepsilon_{45})^2 + (\varepsilon_{-45} - \varepsilon_{45})^2}.$$

Etwaige Kontrollmessungen ε_{90} müssen nach Gleichung (74) der Beziehung

$$(93) \qquad \varepsilon_{90} = \varepsilon_{45} + \varepsilon_{-45} - \varepsilon_0 \qquad \text{oder} \qquad \varepsilon_{90} + \varepsilon_0 = \varepsilon_{45} + \varepsilon_{-45}$$

genügen, daß nämlich *die Summe der senkrecht zueinander gemessenen Dehnungen gleich groß sein muß.* Die Hauptspannungen σ_1 und σ_2 folgen aus (33), die größte Schubspannung in der Meßfläche aus (28).

Bei Ermittlung von φ_0 ist Aufstellung 3 zu beachten.

β) Zeichnerische Ermittlung. Auf der Abszissenachse eines rechtwinkligen ε, γ-Koordinatensystems, Abb. 78, trägt man die drei gemessenen Dehnungen $\varepsilon_0 = O_v A$, $\varepsilon_{45} = O_v B$ und $\varepsilon_{-45} = O_v C$ unter Beachtung ihrer Vorzeichen auf, halbiert die Strecke BC, d. i. die Differenz der beiden unter *90° zueinander gemessenen Dehnungen*, in M und findet damit den Mittelpunkt des Verformungskreises. Sein Halbmesser MF ergibt sich, wenn man im Endpunkte B von ε_{45} eine Gerade unter *stets* $+45°$ Neigung zur positiven Abszissenachse zieht, den Schnittpunkt N mit der Ordinate im Mittelpunkt M sucht und MN parallel zu sich in den Endpunkt A der Dehnung ε_0 ($AF = MN$) verschiebt. AF entspricht der halben Schiebung $\gamma_0/2$.

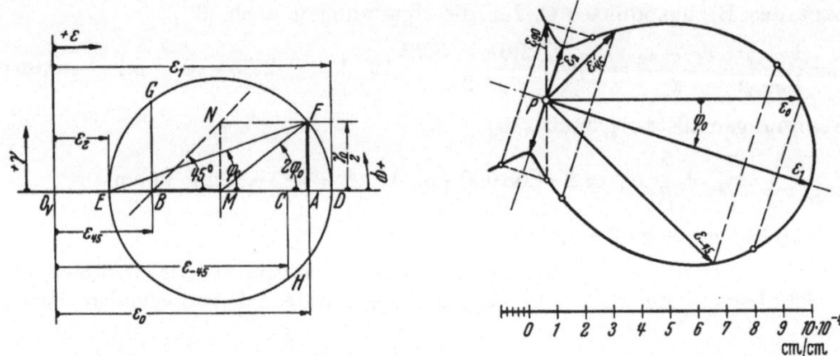

Abb. 78 und 79. Auswertung von Messungen unter 0 und $\pm 45°$. Beispiel 13.

Oder man errichtet ein Lot von der Größe BM am Ende von ε_0 ($BM = AF$). Es ist nach *oben*, also positiv aufzutragen, wenn B *links* von M liegt, wie im Falle der Abb. 78, nach *unten* hin zu errichten, wenn B *rechts* von M liegt.

Die Schnittpunkte des Kreises mit der Abszissenachse liefern in bekannter Weise die Hauptdehnungen $\varepsilon_1 = O_v D$ und $\varepsilon_2 = O_v E$, $\sphericalangle DMF = 2\varphi_0$, $\sphericalangle DEF = \varphi_0$.

Die Richtigkeit des Auftragens der gemessenen Dehnungen läßt sich dadurch nachprüfen, daß Messungen und Auftragungen einander im gleichen Sinne folgen müssen. Liegen die Linien, auf denen ε_{-45}, ε_0, ε_{45} und ε_{90}, Abb. 79, ermittelt wurden, bei 45° Abstand entgegengesetzt dem Uhrzeigersinn hintereinander, gleichgültig, ob die Dehnungen positiv oder negativ sind, so müssen auch die zugehörigen Umfangspunkte HFG auf dem Verformungskreis, Abb. 78, bei 90° Abstand die gleiche Reihenfolge haben. Die Lote in den Endpunkten senkrecht zueinander gemessener Dehnungen, z. B. in den Punkten C und B, sind jeweils gleich groß, haben aber entgegengesetzte Vorzeichen, weil sie Schubspannungspaaren entsprechen.

Das Zutreffen der zeichnerischen Ermittlung nach Abb. 78 folgt aus dem rechtwinkligen Dreieck MAF. Es ist

$$\frac{AF}{MA} = \frac{O_v M - O_v B}{O_v A - O_v M} = \frac{\frac{1}{2}(\varepsilon_{-45} + \varepsilon_{45}) - \varepsilon_{45}}{\varepsilon_0 - (\varepsilon_{-45} + \varepsilon_{45})/2} = \frac{\varepsilon_{-45} + \varepsilon_{45}}{2\varepsilon_0 - \varepsilon_{-45} - \varepsilon_{45}} = \operatorname{tg} 2\varphi_0$$

und

$$\varepsilon_1, \varepsilon_2 = O_v M \pm M F = \frac{\varepsilon_{45} + \varepsilon_{-45}}{2} \pm \frac{\varepsilon_{-45} - \varepsilon_{45}}{2 \sin 2\varphi_0}$$

in Übereinstimmung mit den Gleichungen (90) und (91).

Bei der Darstellung des Belastungszustandes durch zwei Kreise und einen Bezugspunkt O, Abb. 42, ergibt sich der Halbmesser des Spannungskreises MD_s auf Grund der Gleichungen (41) und (69), wenn dort ω durch $45°$ ersetzt wird, unmittelbar aus den gemessenen Werten ε_{45} und ε_{-45} zu

$$(94) \qquad MD_s = \frac{1 - \mu}{1 + \mu} \cdot \frac{\varepsilon_1 - \varepsilon_2}{2} = \frac{1 - \mu}{1 + \mu} \cdot \frac{\varepsilon_{-45} - \varepsilon_{45}}{2 \sin 2\varphi_0} .$$

In ähnlicher Weise erhält man im Falle der Darstellung durch einen gemeinsamen Kreis und zwei Bezugspunkte O_v und O_s nach (36)

$$(95) \qquad MO_s = \frac{1 + \mu}{1 - \mu} \cdot \frac{\varepsilon_{-45} + \varepsilon_{45}}{2} .$$

Beispiel 13. Aus drei, unter 0 und $\pm 45°$ zueinander angeordneten Messungen wurden die Dehnungen $\varepsilon_0 = 9{,}00 \cdot 10^{-4}$, $\varepsilon_{45} = 3{,}48 \cdot 10^{-4}$ und $\varepsilon_{-45} = 8{,}30 \cdot 10^{-4}$ sowie durch eine Kontrollmessung $\varepsilon_{90} = 2{,}78 \cdot 10^{-4}$ ermittelt. ($\varepsilon_0 + \varepsilon_{90} = 11{,}78 = \varepsilon_{45} + \varepsilon_{-45}$.)

Der Winkel φ_0 zwischen ε_0 und der Hauptdehnung ε_1 folgt aus Gleichung (90) bei

$$\operatorname{tg} 2\varphi_0 = \frac{\varepsilon_{-45} - \varepsilon_{45}}{2\varepsilon_0 - \varepsilon_{-45} - \varepsilon_{45}} = \frac{(8{,}30 - 3{,}48) \cdot 10^{-4}}{(2 \cdot 9{,}00 - 8{,}30 - 3{,}48) \cdot 10^{-4}} = \frac{+4{,}82}{+6{,}22} = 0{,}775$$

zu $2\varphi_0 = 37° 46'$, $\varphi_0 = 18° 53'$.

Die Hauptdehnungen erhält man nach Gleichung (91) aus

$$\varepsilon_1, \varepsilon_2 = \frac{\varepsilon_{45} + \varepsilon_{-45}}{2} \pm \frac{\varepsilon_{-45} - \varepsilon_{45}}{2 \sin 2\varphi_0} = \left(\frac{3{,}48 + 8{,}30}{2} \pm \frac{8{,}30 - 3{,}48}{2 \cdot 0{,}6124} \right) \cdot 10^{-4}$$
$$= (5{,}89 \pm 3{,}93) \cdot 10^{-4}$$

oder

$$\varepsilon_1 = 9{,}82 \cdot 10^{-4}, \qquad \varepsilon_2 = 1{,}96 \cdot 10^{-4}.$$

Für Stahl mit $\mu = 0{,}3$ und $\alpha = 1/2\,100\,000 \ \mathrm{cm^2/kg}$ betragen die zugehörigen Hauptspannungen nach den Gleichungen (33)

$$\sigma_1 = \frac{\varepsilon_1 + \mu \varepsilon_2}{(1 - \mu^2) \alpha} = (9{,}82 + 0{,}3 \cdot 1{,}96) \cdot 10^{-4} \cdot 2\,310\,000 = 2404 \ \mathrm{kg/cm^2},$$

$$\sigma_2 = \frac{\varepsilon_2 + \mu \varepsilon_1}{(1 - \mu^2) \alpha} = (1{,}96 + 0{,}3 \cdot 9{,}82) \cdot 10^{-4} \cdot 2\,310\,000 = 1133 \ \mathrm{kg/cm^2}.$$

Die größte in der Meßfläche wirkende Schubspannung beträgt nach (28)

$$\tau_{\mathrm{max\ Meßfl.}} = (\sigma_1 - \sigma_2)/2 = (2404 - 1133)/2 = 635{,}4 \ \mathrm{kg/cm^2};$$

eine noch größere und damit für die Fließ- oder Bruchsicherheit nach der Theorie der größten Schubspannung entscheidende Spannung von $\tau_{13} = \sigma_1/2 = 1202 \ \mathrm{kg/cm^2}$ tritt jedoch *in* der Wandung, und zwar in der zur Oberfläche senkrechten Ebene, in der σ_1 liegt, auf.

Ergänzt man die gemessenen Dehnungen in Abb. 79 durch die Hauptdehnungen, so ist die Form der Dehnungsverteilungskurve leicht zu erkennen und daran, daß sich ε_1 und ε_2 dem Kurvenzug einfügen, die Richtigkeit der Ermittlung erwiesen.

Beispiel 14. In einem Meßpunkte P, Abb. 80, sind die Dehnungen $\varepsilon_0 = -0,46 \cdot 10^{-4}$, $\varepsilon_{45} = 1,40 \cdot 10^{-4}$ und $\varepsilon_{-45}^{-} = -5,06 \cdot 10^{-4}$ ermittelt worden. Abb. 81 zeigt die zeichnerische Ermittlung bei einem Verformungsmaßstab

$$m_v = 3 \cdot 10^{-4} \ \text{cm/cm}.$$

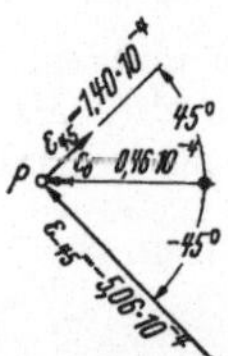

Die negativen Dehnungen $\varepsilon_0 = O_v A$ und $\varepsilon_{-45} = O_v C$ sind von O_v aus nach links, die positive $\varepsilon_{45} = O_v B$ aber nach rechts abzutragen. BC halbiert, führt zum Mittelpunkt M des Kreises. Die Linie unter 45° im Endpunkte B von ε_{45} schneidet das Lot in M unterhalb der Abszissenachse, so daß AF und φ_0 negativ werden. Der Verformungskreis mit dem Halbmesser MF liefert die Hauptdehnungen $\varepsilon_1 = 1,68 \cdot 10^{-4}$ und $\varepsilon_2 = -5,34 \cdot 10^{-4}$.

Abb. 80.

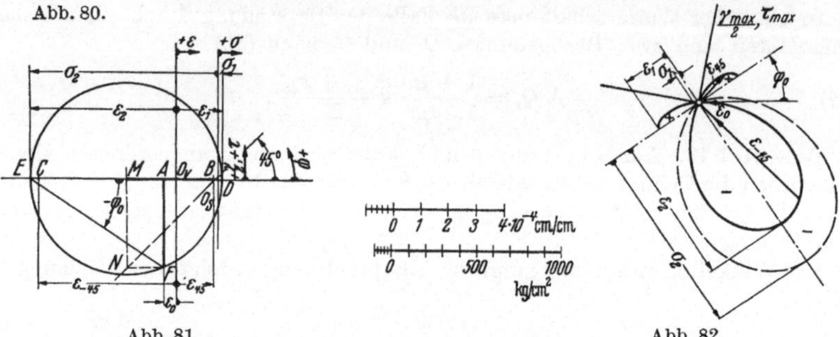

Abb. 81.

Abb. 80, 81 und 82. Zu Beispiel 14.

Abb. 82.

(Rechnerisch ist

$$\operatorname{tg} 2\varphi_0 = \frac{\varepsilon_{-45} + \varepsilon_{45}}{2\varepsilon_0 - \varepsilon_{-45} - \varepsilon_{45}} = \frac{(-5,06 + 1,40) \cdot 10^{-4}}{(-0,92 + 5,06 - 1,40) \cdot 10^{-4}} = \frac{-6,46}{+2,74} = -2,36.$$

$$2\varphi_0' = 67° 2'; \quad \varphi_0 = -33° 31'.)$$

Der Bezugspunkt O_s des Spannungskreises ergibt sich aus (36)

$$MO_s = \frac{1+\mu}{1-\mu} \cdot \frac{\varepsilon_1 + \varepsilon_2}{2} = 1,857 \ \frac{1,68 - 5,34}{2} \cdot 10^{-4} = -3,40 \cdot 10^{-4},$$

das sind im Maß des Verformungskreises 1,13 cm.

Spannungsmaßstab nach (30)

$$m_s = \frac{2}{\beta} \ m_v = 2 \cdot 808\,000 \cdot 3 \cdot 10^{-4} = 485 \ \text{kg/cm}^2 \ \text{je cm},$$

d. h. es entsprechen 100 kg/cm² 0,206 cm.

Der Spannungskreis ergibt $\sigma_1 = 18$, $\sigma_2 = -1120$ kg/cm².

$$\tau_{\max} = \frac{\sigma_1 - \sigma_2}{2} = \frac{18 + 1120}{2} = 569 \ \text{kg/cm}^2$$

tritt auf der Meßfläche auf, da O_s innerhalb des Spannungskreises liegt.

Abb. 82 zeigt die polare Spannungs- und Dehnungsverteilung. Sie entspricht fast einachsiger Beanspruchung auf Druck, da O_s sehr nahe dem Schnittpunkte D des Spannungskreises mit der Abszissenachse liegt.

6. Auswertung von Messungen unter 0, 45 und 90°.

α) Rechnerische Ermittlung. Zur Herleitung der Formeln für φ_0, ε_1 und ε_2 muß man auf die Gleichungen (63) und (64) zurückgreifen.

Unter Einsetzen von $\omega = 45°$ in (63) wird

$$(96) \qquad \varepsilon_{45} = \frac{\varepsilon_1 + \varepsilon_2}{2} - \frac{\varepsilon_1 - \varepsilon_2}{2}\sin 2\varphi_0 .$$

Daraus folgt

$$\sin 2\varphi_0 = \frac{\varepsilon_1 + \varepsilon_2 - 2\varepsilon_{45}}{\varepsilon_1 - \varepsilon_2} ,$$

aus (64)

$$(97) \qquad \cos 2\varphi_0 = \frac{\varepsilon_1 + \varepsilon_2 - 2\varepsilon_{90}}{\varepsilon_1 - \varepsilon_2} ,$$

so daß durch Division, unter Beachtung, daß $\varepsilon_1 + \varepsilon_2 = \varepsilon_0 + \varepsilon_{90}$ ist,

$$(98) \qquad \boxed{\operatorname{tg} 2\varphi_0 = \frac{\varepsilon_0 + \varepsilon_{90} - 2\varepsilon_{45}}{\varepsilon_0 - \varepsilon_{90}}}$$

wird. Beachte Aufstellung 3!

Die Beziehung

$$\varepsilon_1 + \varepsilon_2 = \varepsilon_0 + \varepsilon_{90}$$

und Gleichung (97)

$$\varepsilon_1 - \varepsilon_2 = \frac{\varepsilon_1 + \varepsilon_2 - 2\varepsilon_{90}}{\cos 2\varphi_0}$$

liefern die Hauptdehnungen

$$(99) \qquad \boxed{\varepsilon_1, \varepsilon_2 = \frac{\varepsilon_0 + \varepsilon_{90}}{2} \pm \frac{\varepsilon_0 - \varepsilon_{90}}{2\cos 2\varphi_0}} ,$$

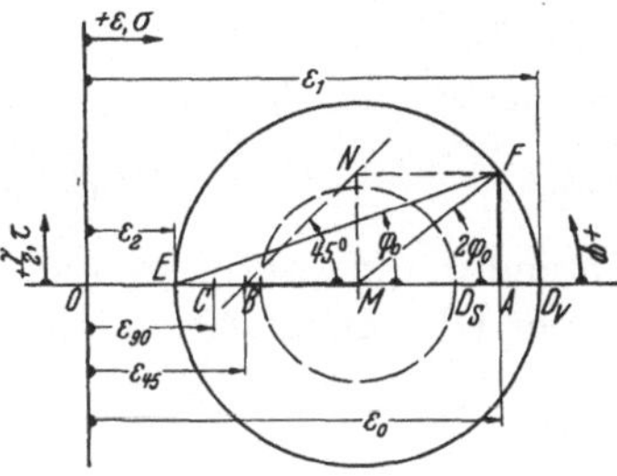

Abb. 83. Auswertung von Messungen unter 0, 45 und 90°. Zu Beispiel 15.

die in der Form

$$(100) \qquad \varepsilon_1, \varepsilon_2 = \frac{\varepsilon_0 + \varepsilon_{90}}{2} \pm \sqrt{\left(\frac{\varepsilon_0 + \varepsilon_{90}}{2} - \varepsilon_{45}\right)^2 + \left(\frac{\varepsilon_0 - \varepsilon_{90}}{2}\right)^2}$$

auch unmittelbar aus den gemessenen Dehnungen bestimmt werden können.

Aus den Hauptdehnungen ε_1 und ε_2 lassen sich die Hauptspannungen in bekannter Weise aus (33), die größte Schubspannung in der Meßfläche aus (28) berechnen, wodurch der Belastungszustand umschrieben ist.

β) **Zeichnerische Ermittlung.** Auf der Abszissenachse eines rechtwinkligen Koordinatensystems, Abb. 83, trägt man die unter *90° zueinander* gemessenen Dehnungen $\varepsilon_0 = OA$ und $\varepsilon_{90} = OC$ unter Beachtung ihrer Vorzeichen auf und halbiert die Strecke $AC = \varepsilon_0 - \varepsilon_{90}$ in M, dem Mittelpunkt des Verformungskreises. Sein Halbmesser MF ergibt sich an Hand einer Geraden unter $+45°$ zur positiven Abszissenachse im Endpunkte B von ε_{45}, deren Schnitt mit der Senkrechten im Mittelpunkt M den Punkt N liefert. MN parallel in den Endpunkt A der Dehnung ε_0 verschoben, führt mit $AF = MN$ zum Punkt F. (F läßt sich auch durch Abtragen von $MB = AF$ finden, wobei die im Unterabschnitt 5 β gegebene Regel zu beachten ist.) Die Richtigkeit des Auftragens der gemessenen Dehnungen läßt sich ganz entsprechend, wie auf S. 52 beschrieben, durch die Reihenfolge der Messungen und Auftragungen nachprüfen und das Zutreffen der zeichnerischen Ermittlung am rechtwinkligen Dreieck MAF nachweisen.

Die vierte Kontrollmessung wird im vorliegenden Fall unter 135° zur Ausgangsmessung angeordnet, wobei

$$(101) \qquad \varepsilon_0 + \varepsilon_{90} = \varepsilon_{45} + \varepsilon_{135} = \varepsilon_1 + \varepsilon_2$$

sein muß.

Soll der Belastungszustand durch zwei Kreise und einen gemeinsamen Bezugspunkt O dargestellt werden, Abb. 83, so ergibt sich der Halbmesser des Spannungskreises nach (41) und (97) aus

$$(102) \qquad MD_s = \frac{1-\mu}{1+\mu} \cdot \frac{\varepsilon_0 - \varepsilon_{90}}{2\cos 2\varphi_0},$$

während die Maßstäbe m_s und m_v für die Spannungen und Verformungen der Gleichung (30) entsprechen müssen. Im Falle der Darstellung durch einen gemeinsamen Kreis und zwei Bezugspunkte O_s und O_v erhält man nach (36)

$$(103) \qquad MO_s = \frac{1+\mu}{1-\mu} \cdot \frac{\varepsilon_0 + \varepsilon_{90}}{2},$$

während m_s und m_v über die Gleichung (30) miteinander in Beziehung stehen.

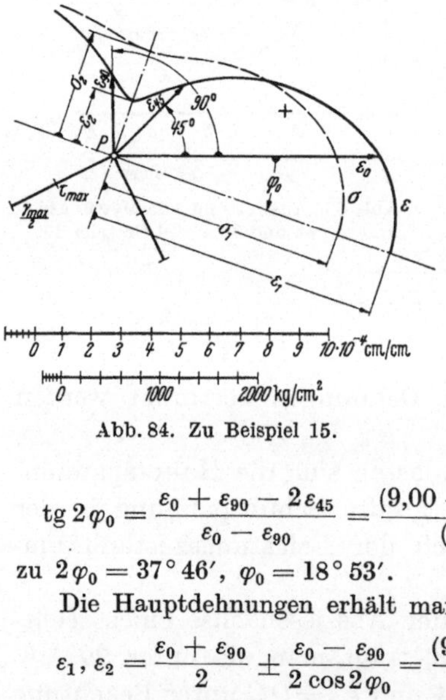

Abb. 84. Zu Beispiel 15.

Beispiel 15. Aus drei, unter 0, 45 und 90° zueinander angeordneten Messungen wurden die Dehnungen $\varepsilon_0 = 9{,}00 \cdot 10^{-4}$, $\varepsilon_{45} = 3{,}48 \cdot 10^{-4}$ und $\varepsilon_{90} = 2{,}78 \cdot 10^{-4}$, Abb. 84, ermittelt.

Der Winkel φ_0 zwischen ε_0 und der Hauptdehnung ε_1 folgt aus Gleichung (98) bei

$$\operatorname{tg} 2\varphi_0 = \frac{\varepsilon_0 + \varepsilon_{90} - 2\varepsilon_{45}}{\varepsilon_0 - \varepsilon_{90}} = \frac{(9{,}00 + 2{,}78 - 2 \cdot 3{,}48) \cdot 10^{-4}}{(9{,}00 - 2{,}78) \cdot 10^{-4}} = \frac{+4{,}82}{+6{,}22} = 0{,}775$$

zu $2\varphi_0 = 37° 46'$, $\varphi_0 = 18° 53'$.

Die Hauptdehnungen erhält man nach Gleichung (99) aus

$$\varepsilon_1, \varepsilon_2 = \frac{\varepsilon_0 + \varepsilon_{90}}{2} \pm \frac{\varepsilon_0 - \varepsilon_{90}}{2\cos 2\varphi_0} = \frac{(9{,}00 + 2{,}78) \cdot 10^{-4}}{2} \pm \frac{(9{,}00 - 2{,}78) \cdot 10^{-4}}{2 \cdot 0{,}791}$$

$$= (5{,}89 \pm 3{,}93) \cdot 10^{-4}$$

oder $\varepsilon_1 = 9{,}82 \cdot 10^{-4}$, $\varepsilon_2 = 1{,}96 \cdot 10^{-4}$.

Für Stahl mit $\mu = 0{,}3$ und $\alpha = 1/2\,100\,000$ cm²/kg betragen die zugehörigen Hauptspannungen nach den Gleichungen (33)

$$\sigma_1 = \frac{\varepsilon_1 + \mu\varepsilon_2}{(1-\mu^2)\,\alpha} = (9{,}82 + 0{,}3 \cdot 1{,}96) \cdot 10^{-4} \cdot 2\,310\,000 = 2404 \text{ kg/cm}^2,$$

$$\sigma_2 = \frac{\varepsilon_2 + \mu\varepsilon_1}{(1-\mu^2)\,\alpha} = (1{,}96 + 0{,}3 \cdot 9{,}82) \cdot 10^{-4} \cdot 2\,310\,000 = 1133 \text{ kg/cm}^2.$$

Die größte in der Meßfläche wirkende Schubspannung beträgt nach (28)

$$\tau_{\text{max Meßfl.}} = (\sigma_1 - \sigma_2)/2 = (2404 - 1133)/2 = 635,4 \text{ kg/cm}^2;$$

eine noch größere und damit für die Fließ- oder Bruchsicherheit nach der Theorie der größten Schubspannung entscheidende Spannung von $\tau_{\text{max}} = \sigma_1/2 = 1202 \text{ kg/cm}^2$ tritt jedoch *in* der Wandung auf, und zwar in der zur Oberfläche senkrechten Ebene, in der σ_1 liegt.

Die *zeichnerische* Ermittlung der Verformung zeigt die vorstehend besprochene Abb. 83 im Maßstab 1 cm = $3 \cdot 10^{-4} = m_v$, ergänzt durch den Spannungskreis.

Halbmesser des Spannungskreises nach (41)

$$M D_s = \frac{1 - \mu}{1 + \mu} \cdot M D_v = 0,538 \cdot 1,31 = 0,71 \text{ cm}$$

im Maßstab des Verformungskreises.

Spannungsmaßstab nach Gleichung (38)

$$m_s = \frac{2}{\beta} \frac{1 + \mu}{1 - \mu} \, m_v = 2 \cdot 808000 \cdot 1,857 \cdot 3 \cdot 10^{-4} = 900,3 \text{ kg/cm}^2 \text{ je cm},$$

d. h. 1000 kg/cm² entsprechen 1,10 cm.

Auf Grund der Kreise sind die in Abb. 84 aufgetragenen gemessenen Dehnungen ergänzt durch die polaren Dehnungs- und Spannungskurven.

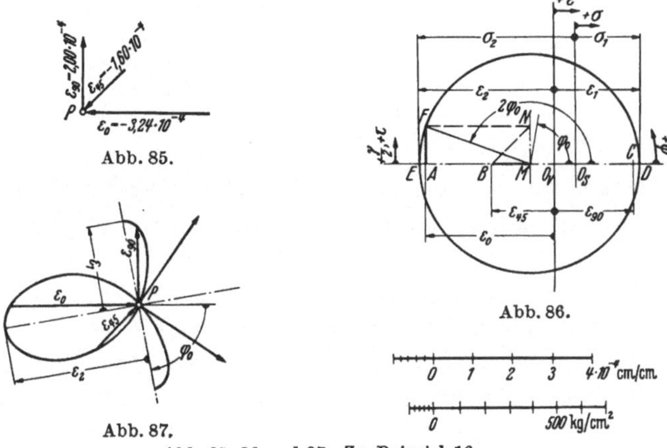

Abb. 85.

Abb. 86.

Abb. 87.

Abb. 85, 86 und 87. Zu Beispiel 16.

Beispiel 16. Liegen $\varepsilon_0 = -3,24 \cdot 10^{-4}$, $\varepsilon_{45} = -1,60 \cdot 10^{-4}$ und $\varepsilon_{90} = +2,00 \cdot 10^{-4}$, Abb. 85, an Stahl gemessen vor, so ergibt sich der Verformungskreis Abb. 86 bei einem Maßstab 1 cm = $2 \cdot 10^{-4} = m_v$ mit den Hauptdehnungen $\varepsilon_1 = 2,18 \cdot 10^{-4}$, $\varepsilon_2 = -3,42 \cdot 10^{-4}$ und $\varphi_0 = 79° 30'$.

(Rechnerisch ist etwas genauer

$$\operatorname{tg} 2\varphi_0 = \frac{\varepsilon_0 + \varepsilon_{90} - 2\varepsilon_{45}}{\varepsilon_0 - \varepsilon_{90}} = \frac{(-3,24 + 2,00 + 2 \cdot 1,60) \cdot 10^{-4}}{(-3,24 - 2,00) \cdot 10^{-4}} = \frac{+1,96}{-5,24} = -0,374 \, .$$

$$2\varphi_0' = 20° 30'; \quad \varphi_0 = 90° - 10° 15' = 79° 45'.)$$

Lage des Bezugspunktes O_s der Spannungen nach (36)

$$M O_s = \frac{1 + \mu}{1 - \mu} \cdot M O_v = 1,857 \cdot 0,31 = 0,58 \text{ cm}.$$

Spannungsmaßstab nach (30)

$$m_s = \frac{2}{\beta}\, m_v = 2 \cdot 808\,000 \cdot 2 \cdot 10^{-4} = 328 \text{ kg/cm}^2 \text{ je cm}$$

oder 100 kg/cm² = 0,31 cm.

Hauptspannungen $\qquad \sigma_1 = 266, \qquad \sigma_2 = -640 \text{ kg/cm}^2.$

Die größte Schubspannung tritt in der Meßfläche auf, da O_s innerhalb des Spannungskreises liegt und beträgt

$$\tau_{\max} = \frac{\sigma_1 - \sigma_2}{2} = \frac{266 + 640}{2} = 453 \text{ kg/cm}^2.$$

Die Dehnungsverteilung in polarer Darstellung bringt Abb. 87.

7. Auswertung von Messungen unter 0 und $\pm 30°$.

$\boldsymbol{\alpha}$) **Rechnerische Ermittlung.** Der Ersatz von ω in den Gleichungen (67), (70) und (72) durch $30°$ führt unter Beachtung von Aufstellung 3 zu

$$(104) \qquad \boxed{\operatorname{tg} 2\varphi_0 = \frac{\varepsilon_{-30} - \varepsilon_{30}}{\sqrt{3}\,(2\,\varepsilon_0 - \varepsilon_{-30} - \varepsilon_{30})}}$$

und

$$(105) \qquad \boxed{\varepsilon_1, \varepsilon_2 = \varepsilon_{30} + \varepsilon_{-30} - \varepsilon_0 \pm \frac{\varepsilon_{-30} - \varepsilon_{30}}{\sqrt{3}\,\sin 2\varphi_0}}$$

oder

$$(106) \qquad \varepsilon_1, \varepsilon_2 = \varepsilon_{30} + \varepsilon_{-30} - \varepsilon_0 \pm \sqrt{(2\,\varepsilon_0 - \varepsilon_{30} - \varepsilon_{-30})^2 + (\varepsilon_{-30} - \varepsilon_{30})^2/3}\;.$$

Die Formeln (33) und (28) führen zu den Hauptspannungen und zur größten Schubspannung auf der Meßfläche.

$\boldsymbol{\beta}$) **Zeichnerische Ermittlung.** Bei der *zeichnerischen Ermittlung* der Größe und Richtung der Hauptdehnungen trägt man auf der ε-Achse, Abb. 88, vom Anfangspunkte O_v die gemessenen Dehnungen $\varepsilon_0 = O_v A$, $\varepsilon_{30} = O_v B$, $\varepsilon_{-30} = O_v C$ unter Beachtung ihrer Vorzeichen, ferner die Strecke $AC = \varepsilon_{-30} - \varepsilon_0 = BM$ von B aus an, und zwar im Sinne der Punktfolge A nach C, im vorliegenden Fall also in Richtung der positiven ε-Achse. So findet man den Mittelpunkt M des Verformungskreises. Zieht man durch B eine Gerade unter $+30°$ zur Abszissenachse, sucht deren Schnittpunkt C' mit dem Lote in C und verschiebt CC' parallel nach A ($AF = CC'$), so liegt F auf dem Verformungskreis vom Halbmesser MF. Die Richtigkeit des Auftragens ist gewährleistet, wenn die Punkte GFH, Abb. 89, Zentriwinkel von $60°$ haben und gleichsinnig den zugehörigen Meßrichtungen, im vorliegenden Falle dem Uhrzeigersinn entsprechend, aufeinanderfolgen. Die Schnittpunkte E_v und D_v des Kreises mit der ε-Achse geben in bekannter Weise ε_1 und ε_2 an. Winkel $D_v E_v F = \varphi_0$, Abb. 88, ist der Richtungswinkel zwischen ε_0 und ε_1.

Nach Gleichung (36) und unter Bezugnahme auf (68) wird

$$(107) \qquad MO_s = \frac{1+\mu}{1-\mu} \cdot MO_v = \frac{1+\mu}{1-\mu} \cdot \frac{\varepsilon_1 + \varepsilon_2}{2} = \frac{1+\mu}{1-\mu}\left(\varepsilon_{30} + \varepsilon_{-30} - \varepsilon_0\right),$$

wenn der gesamte Zustand durch einen Kreis und zwei Bezugspunkte dargestellt werden soll, nach (41) und (69)

$$(108) \qquad MD_s = \frac{1-\mu}{1+\mu} \cdot MD_v = \frac{1-\mu}{1+\mu} \cdot \frac{\varepsilon_1 - \varepsilon_2}{2} = \frac{1-\mu}{1+\mu} \cdot \frac{\varepsilon_{-30} - \varepsilon_{30}}{\sqrt{3}\,\sin 2\varphi_0},$$

wenn zwei Kreise und ein Bezugspunkt benutzt werden sollen. Die Beziehungen der Maßstäbe sind in den beiden Fällen durch (30) und (38) gekennzeichnet.

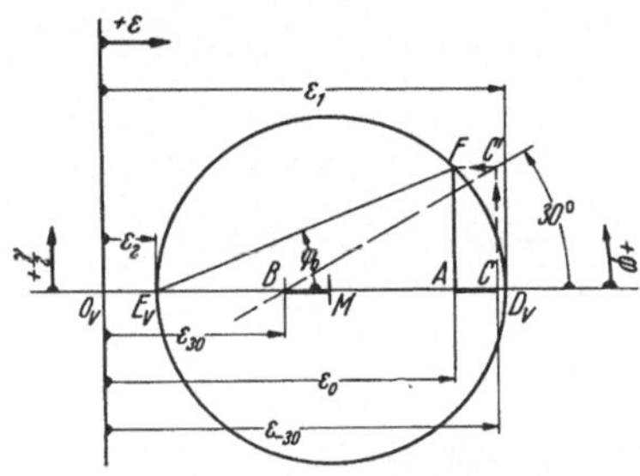

Abb. 88. Auswertung von Dehnungsmessungen unter 0 und ±30°.

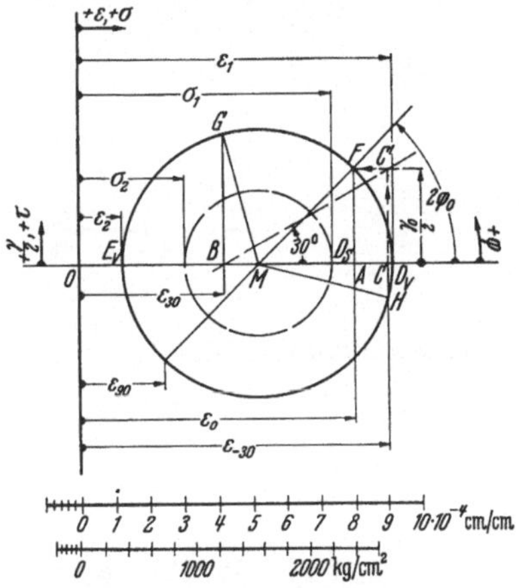

Abb. 89. Zur Richtigkeit der Auswertung von Messungen unter 0 und ±30°.

Die Richtigkeit der zeichnerischen Ermittlung läßt sich an den beiden rechtwinkligen Dreiecken AMF und BCC', Abb. 89, beweisen. Es ist

$$AF = CC' = CB\,\mathrm{tg}\,30° = \frac{\varepsilon_{-30} - \varepsilon_{30}}{\sqrt{3}},$$

$$AM = OA - OB - BM = OA - OB - AC = \varepsilon_0 - \varepsilon_{30} - \left(\varepsilon_{-30} - \varepsilon_0\right)$$
$$= 2\varepsilon_0 - \varepsilon_{30} - \varepsilon_{-30},$$

$$\frac{AF}{AM} = \frac{\varepsilon_{-30} - \varepsilon_{30}}{\sqrt{3}\,(2\varepsilon_0 - \varepsilon_{-30} - \varepsilon_{30})} = \mathrm{tg}\,2\varphi_0 \quad \text{nach Gl. (104).}$$

$$OD_v = OM + MF = OM + \frac{AF}{\sin 2\varphi_0} = OM + \frac{CC'}{\sin 2\varphi_0} = OM + \frac{\overline{BC}\,\mathrm{tg}\,30°}{\sin 2\varphi_0}$$
$$= \varepsilon_{30} + \varepsilon_{-30} - \varepsilon_0 + \frac{\varepsilon_{-30} - \varepsilon_{30}}{\sqrt{3}\,\sin 2\varphi_0} = \varepsilon_1,$$

übereinstimmend mit (105). In entsprechender Weise wird $OE_v = \varepsilon_2$.

Beispiel 17. Dem Beispiel liegen lauter negative Dehnungen $\varepsilon_0 = -5,5 \cdot 10^{-4}$, $\varepsilon_{30} = -2,15 \cdot 10^{-4}$ und $\varepsilon_{-30} = -4,6 \cdot 10^{-4}$, Abb. 90, zugrunde. Werkstoff Stahl.

In Abb. 91 sind die drei Dehnungen im Maßstab $1\ \text{cm} = 3 \cdot 10^{-4} = m_v$ von O_v aus nach links aufgetragen und der Mittelpunkt M durch den Abstand $BM = AC$

im Sinne von A nach C, also durch Abtragen nach rechts ermittelt. Die Gerade unter 30° im Endpunkt B der Dehnung ε_{30} schneidet das Lot in C unterhalb der Abszissenachse, so daß AF und φ_0 negativ werden. Gefunden $\varepsilon_1 = 3{,}23$, $\varepsilon_2 = -5{,}73 \cdot 10^{-4}$, $\varphi_0 = -81°$.

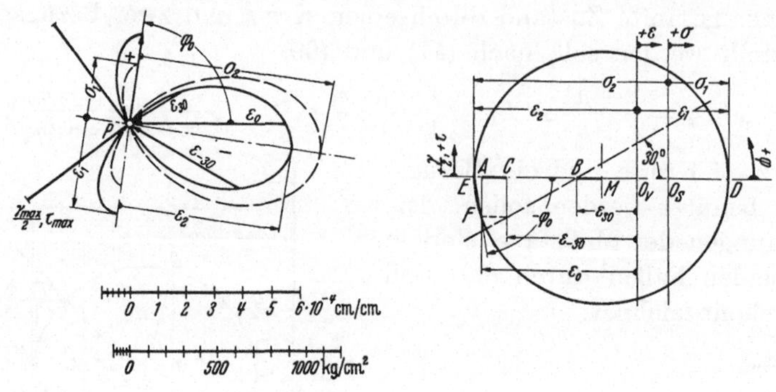

Abb. 90 und 91. Zu Beispiel 17.

[Nach Formel (104) ist

$$\operatorname{tg} 2\varphi_0 = \frac{\varepsilon_{-30} - \varepsilon_{30}}{\sqrt{3}\,(2\varepsilon_0 - \varepsilon_{-30} - \varepsilon_{30})} = \frac{(-4{,}6 + 2{,}15) \cdot 10^{-4}}{\sqrt{3}\,(-2 \cdot 5{,}5 + 4{,}6 + 2{,}15) \cdot 10^{-4}}$$

$$= \frac{-2{,}45}{-7{,}36} = 0{,}333, \quad \text{Fall 3 der Aufstellung 3.}$$

$$2\varphi_0' = 18°\,25'; \quad \varphi_0 = -90 + 9°\,12' = -80°\,48'.]$$

Aus φ_0 ergibt sich die Lage der Hauptachsen in Abb. 90 und damit der Verlauf der polaren Dehnungskurve. Aus ihr kann die Spannungsverteilungslinie leicht als polare Äquidistante mit dem Abstand $O_v O_s$ abgeleitet werden

$$MO_s = \frac{1 + \mu}{1 - \mu} \cdot MO_v = 1{,}857 \cdot 0{,}42 = 0{,}78 \text{ cm}$$

im Maßstab der Darstellung.

Spannungsmaßstab nach (30)

$$m_s = \frac{2}{\beta}\, m_v = 2 \cdot 808\,000 \cdot 3 \cdot 10^{-4} = 480 \text{ kg/cm}^2 \text{ je cm}$$

oder $100 \text{ kg/cm}^2 = 0{,}208 \text{ cm}$.

J. Zusammensetzung ebener Verformungs- und Spannungszustände.

a) Grundlagen.

Zwei Verformungszustände seien nach Abb. 92 durch die Hauptdehnungen ε_1', ε_2' und ε_1'', ε_2'' und den Winkel χ gegeben, den die Richtungen von ε_1' und ε_1'' einschließen. Die resultierenden Hauptdehnungen ε_1 und ε_2 sowie der Winkel φ_0 zwischen ε_1' und ε_1 sind zu bestimmen.

Die Grundlage bildet die *Annahme*, daß sich die *Verformungen* in den einzelnen Richtungen *algebraisch addieren*. Ihre Richtigkeit wurde experimentell nachgeprüft gelegentlich einer eingehenden Untersuchung eines großen Schiebergehäuses, Abb. 93, im Institut für Werkstoffkunde, Aachen. Vgl. Diss. G. KARHAUSEN [*15*]. Der Versuchskörper war bei einer Reihe von Versuchen durch inneren Überdruck von 50 at, bei einer zweiten Reihe durch Längskräfte bis zu 60 t in Richtung seiner Hauptachse belastet, um die Wirkung von Kräften, die von den anschließenden Rohrleitungen ausgeübt werden, festzustellen. Bei gleichzeitiger Belastung durch inneren Druck *und* die erwähnten Längskräfte überlagern sich die entsprechenden Einzelverformungen. Benutzt wurden Messungen längs der Durchdringungslinie der Rohranschlußstutzen und des Hauptkörpers; sie waren zur Nachprüfung der Annahme besonders geeignet, weil die

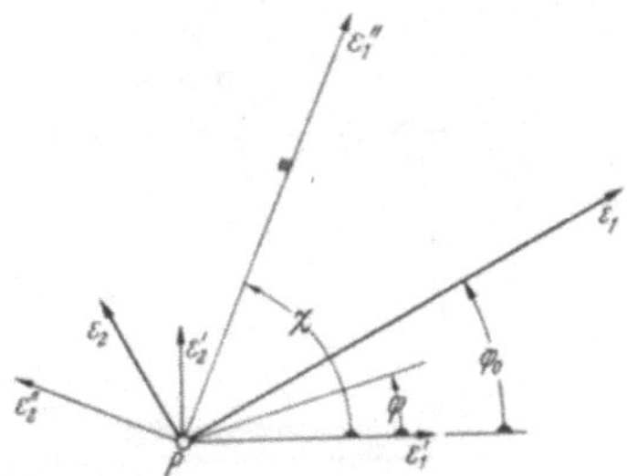

Abb. 92. Zur Zusammensetzung ebener Verformungszustände.

dort auftretenden Verformungssysteme verschiedene Hauptdehnungsrichtungen haben. In den Kehlen wurden dabei die Messungen nach den oben beschriebenen Verfahren sowohl unter 0 und $\pm 45°$, als auch unter 0 und $\pm 30°$ zur Tangente an die Kehllinie durchgeführt. Da die gleichzeitige Wirkung von 50 at Innendruck und 60 t Längskraft Beanspruchungen erzeugt, die die Fließgrenze des Werkstoffes überschritten hätten, wurde je die halbe Belastung aufgebracht und ihre Wirkung mit der Summe der halben Dehnungen verglichen, die durch den Innendruck einerseits und die Längskraft andererseits bedingt wurden.

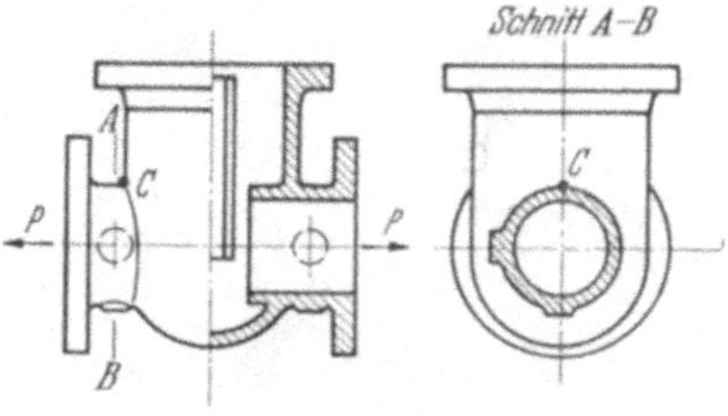

Abb. 93. Schiebergehäuse.

Im Punkte C, Abb. 93, ergab sich aus den Messungen unter 0 und $\pm 45°$ die annähernd elliptische, unter 24° gegen die Durchdringungslinie DD' geneigte Kurve a, Abb. 94, für die Dehnungen bei 25 at Innendruck, die andere etwas eingeschnürte b unter 82° für die Dehnung infolge von 30 t Längsdruck. Summiert man die Dehnungen längs beliebiger Strahlen, so erhält man die stark ausgezogene Linie c unter 72° gegen DD', die, verglichen mit den unmittelbaren Messungen beim Zusammenwirken des Innendrucks und der Längskraft, Abb. 95, sehr gute Übereinstimmung in bezug auf die Richtung der Hauptachsen und die Art der Dehnungsverteilung ergaben, wenn man beachtet, daß die Messungen an einem nicht bearbeiteten Stahlgußstück durchgeführt werden mußten. Die Neigungen der Achsen weichen um 1% voneinander ab; der gemessene Wert von ε_1 ist 4,2% größer, der von ε_2 1,2% kleiner als die aus den Einzelmessungen ermittelte Summe. Messungen in weiteren Punkten der Durchdringungslinie bestätigten die Ergebnisse, so daß die Gültigkeit der Annahme durch die Versuche nachgewiesen ist.

Da die Formeln der Dehnungen ε und der Normalspannungen σ gleichartig gebaut sind, gelten die folgenden Ausführungen und Konstruktionen auch für die Zusammensetzung von *Spannungs*systemen.

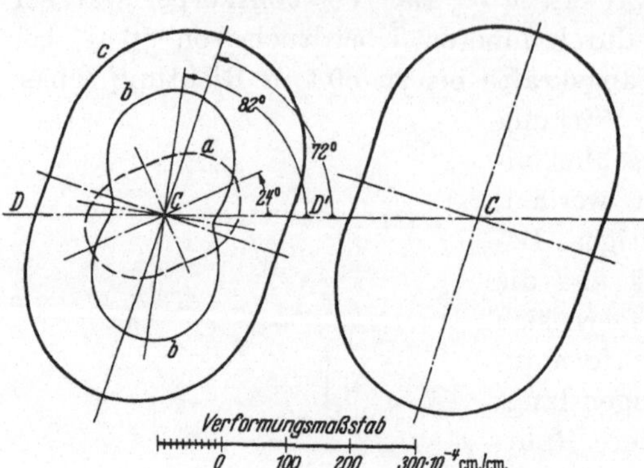

Abb. 94 und 95. Dehnungsmessungen im Punkte C des Schiebergehäuses Abb. 93.

b) Ermittlung des resultierenden Verformungszustandes aus den polaren Darstellungen der Ausgangszustände.

Die Ausgangszustände werden zweckmäßig in der Form der Abb. 32 von einem gemeinsamen Mittelpunkt aus so aufgezeichnet, daß die Hauptdehnungen ε_1' und ε_1'' den Winkel χ bilden und dann einerseits die Dehnungen, andererseits die Schiebungen polar algebraisch summiert. Die Richtung der resultierenden Hauptdehnungen ergibt sich durch Verbinden der Punkte der größten und der kleinsten Dehnungen auf der Summenlinie; die größten Schiebungen müssen unter 45° dazu liegen.

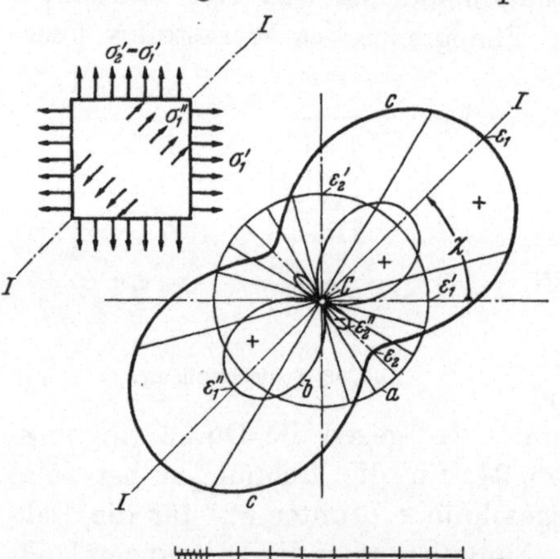

Abb. 96. Ermittlung des resultierenden Verformungszustandes aus den beiden Ausgangszuständen ε_1', ε_2' und ε_1'', ε_2''.

Beispiel 18. In Abb. 96 ist der Dehnungszustand einer ebenen Platte ermittelt, die nach allen Richtungen gleichmäßig durch $\sigma_1'=\sigma_2'=1000\,\text{kg/cm}^2$ gespannt ist und einer zusätzlichen Beanspruchung von $\sigma_1''=800\,\text{kg/cm}^2$ in Richtung $I—I$ unter $\chi=45°$ unterliegt. Die gleichmäßige Grundspannung bedingt die kreisförmige Dehnungskurve a, die Zugbeanspruchung die vierflügelige b, die, polar zusammengesetzt, zu der stark ausgezogenen eingeschnürten Linie c führen. Da die Grundspannung keine Schiebungen erzeugt, sind die resultierenden Schiebungen gleich den durch die Zugkraft bedingten, vgl. Abb. 47.

Abb. 96 ist im Maßstab 1 cm $= 3 \cdot 10^{-4}$ cm/cm auf Grund folgender Zahlenwerte gezeichnet.

$$\varepsilon_1' = \varepsilon_2' = (1 - \mu)\,\alpha\,\sigma_1' = \frac{0,7 \cdot 1000}{2\,100\,000} = 3,33 \cdot 10^{-4},$$

$$\varepsilon_1'' = \alpha \cdot \sigma_1'' = \frac{800}{2\,100\,000} = 3,81 \cdot 10^{-4},$$

$$\varepsilon_2'' = -\mu \cdot \alpha \cdot \sigma_1'' = \frac{-0,3 \cdot 800}{2\,100\,000} = -1,14 \cdot 10^{-4}.$$

Ergebnis: $\varepsilon_1 = 7,14 \cdot 10^{-4}$, $\varepsilon_2 = 2,19 \cdot 10^{-4}$.

c) Rechnerischer Weg.

Nach der erwähnten Annahme gilt nach Abb. 92 unter Benutzung der Formel (11) in einer Ebene unter dem Winkel φ zur Hauptdehnung ε_1

$$(109) \qquad \varepsilon_\varphi = \frac{\varepsilon_1' + \varepsilon_2'}{2} + \frac{\varepsilon_1' - \varepsilon_2'}{2}\cos 2\varphi + \frac{\varepsilon_1'' + \varepsilon_2''}{2} + \frac{\varepsilon_1'' - \varepsilon_2''}{2}\cos 2\,(\chi - \varphi).$$

ε_φ wird zum Maximum und damit zu einer der Hauptdehnungen, gleichzeitig aber φ zu φ_0, wenn $d\varepsilon/d\varphi = 0$ ist, wenn also

$$-\frac{\varepsilon_1' - \varepsilon_2'}{2}\sin 2\varphi_0 \cdot (2) + \frac{\varepsilon_1'' - \varepsilon_2''}{2}\,[-\sin 2\,(\chi - \varphi_0)]\cdot(-2) = 0$$

ist. Dividiert man durch $\cos 2\varphi_0$, so ergibt sich

$$(\varepsilon_1' - \varepsilon_2')\,\mathrm{tg}\,2\varphi_0 = (\varepsilon_1'' - \varepsilon_2'')\sin 2\chi - (\varepsilon_1'' - \varepsilon_2'')\cos 2\chi\,\mathrm{tg}\,2\varphi_0,$$

so daß

$$(110) \qquad \boxed{\mathrm{tg}\,2\varphi_0 = \frac{(\varepsilon_1'' - \varepsilon_2'')\sin 2\chi}{\varepsilon_1' - \varepsilon_2' + (\varepsilon_1'' - \varepsilon_2'')\cos 2\chi}}$$

wird. Ist so φ_0 gefunden, so folgen ε_1 und ε_2 aus Gleichung (109), die in

$$(111) \qquad \boxed{\varepsilon_1,\varepsilon_2 = \frac{1}{2}\left[\varepsilon_1' + \varepsilon_2' + \varepsilon_1'' + \varepsilon_2'' \pm (\varepsilon_1' - \varepsilon_2')\cos 2\varphi_0 \pm (\varepsilon_1'' - \varepsilon_2'')\cos 2\,(\chi - \varphi_0)\right]}$$

umgeschrieben werden kann.

Beispiel 19. Die Zahlen des Beispiels 18 führen zu

$$\mathrm{tg}\,2\varphi_0 = \frac{(3,81 + 1,14)\sin 90^\circ}{3,33 - 3,33 + (3,81 + 1,14)\cos 90^\circ} = \frac{4,95}{0} = \infty;\quad 2\varphi_0 = 90^\circ;\quad \varphi_0 = 45^\circ.$$

$$\varepsilon_1,\varepsilon_2 = \frac{1}{2}\,[3,33 + 3,33 + 3,81 - 1,14 \pm 0 \pm (3,81 + 1,14)\cos 0]\cdot 10^{-4}$$

$$= \frac{1}{2}\,(9,33 \pm 4,95)\cdot 10^{-4};\quad \varepsilon_1 = 7,14\cdot 10^{-4},\quad \varepsilon_2 = 2,19\cdot 10^{-4}.$$

d) Zeichnerischer Weg.

Zeichnerisch findet man die drei gesuchten Werte nach Abb. 98, wo alle Größen nur durch Zahlen gekennzeichnet sind, weil das Verfahren sowohl zur Zusammensetzung von Hauptdehnungs- als auch von Hauptspannungssystemen dienen kann. Ausgehend von $1'$, $2'$, $1''$ und $2''$ der Abb. 97, trägt man $1' - 2' = AB$ nach rechts, wenn es positiv, nach links, wenn es negativ ist und anschließend den Winkel 2χ an der positiven ε-Achse im *gleichen* Sinne wie χ gegenüber $1'$ rechnet, auf. Macht man $BC = 1'' - 2''$, wobei man diese Differenz auf dem eben ermittelten Schenkel des Winkels 2χ abzutragen hat, wenn sie

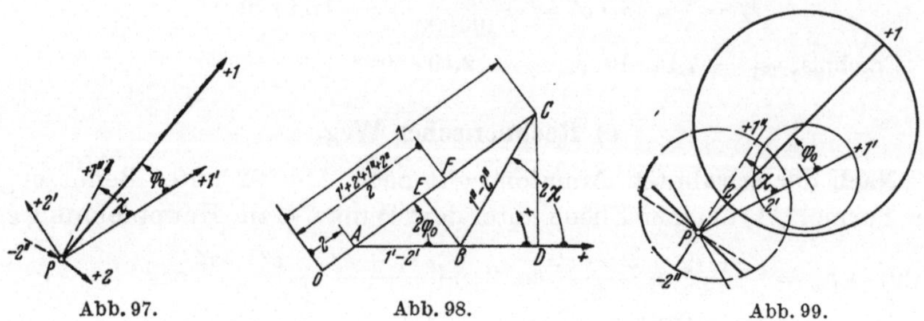

Abb. 97.   Abb. 98.   Abb. 99.

Abb. 97, 98 und 99. Zusammensetzung von Belastungszuständen.

positiv ist, entgegengesetzt aber, also auf dem Schenkel des Ergänzungs-winkels $180° - 2\chi$, wenn sie negativ ist, so liefert der an der ε-Achse liegende Winkel $BAC = 2\varphi_0$ die Größe von φ_0 und damit die Richtung der resultierenden Hauptdehnung oder -spannung 1. Denn fällt man von C das Lot CD auf AB, so ist

$$\operatorname{tg} BAC = \frac{DC}{AD} = \frac{(1'' - 2'') \sin 2\chi}{(1' - 2') + (1'' - 2'') \cos 2\chi} = \operatorname{tg} 2\varphi_0$$

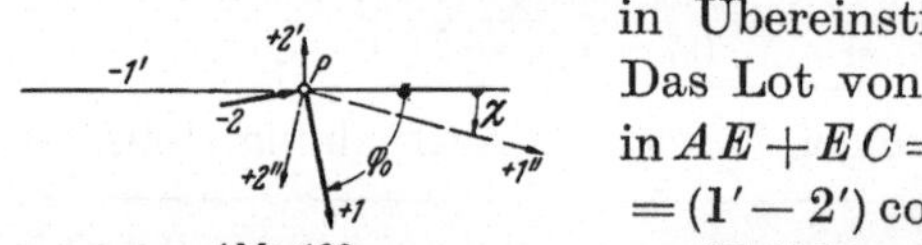

Abb. 100.

in Übereinstimmung mit Gleichung (110). Das Lot von B auf AC teilt diese Strecke in $AE + EC = AB \cos 2\varphi_0 + BC \cos 2(\chi - \varphi_0)$ $= (1' - 2') \cos 2\varphi_0 + (1'' - 2'') \cos 2(\chi - \varphi_0)$.

Halbiert man AC in F und trägt dort $(1' + 2' + 1'' + 2'')/2 = FO$ *rückwärts* an, also in Richtung des Schenkels von $180° - 2\varphi_0$, wenn es positiv ist, so findet man die Hauptdehnungen oder -spannungen $1 = OC$ und $2 = OA$, wie sich ohne weiteres aus Formel (111) ergibt.

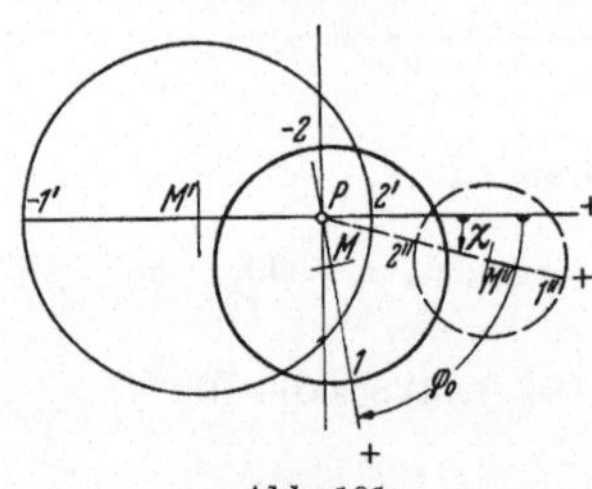

Abb. 101.

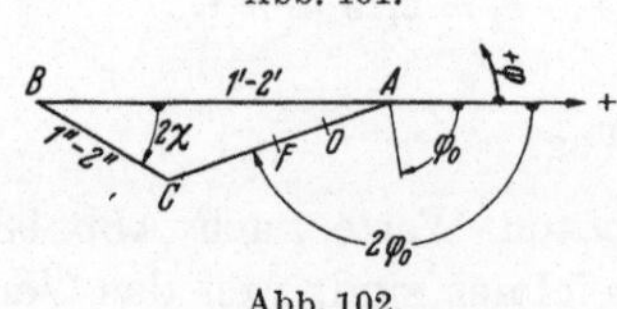

Abb. 102.

Abb. 100, 101 und 102. Beispiel 20.

In Abb. 99 ist der gleiche Verformungs- oder Spannungszustand durch die entsprechenden Kreise, bezogen auf den Punkt P als Anfangspunkt dargestellt, wobei deren Bezugsachsen in Richtung der Größen $1'$, $1''$ und 1 aufgetragen sind. Sie zeigen, wie durch Zusammenwirken gleichartiger, überwiegend positiver Größen, deren Hauptrichtungen nicht zu sehr voneinander abweichen, hohe, durch den großen Kreis 1 gekennzeichnete Beanspruchungen entstehen. Die Strecken $1'$—$2'$, $1''$—$2''$ sowie 1—2 sind die Durchmesser der drei Kreise; OA ist der Abstand des Kreises 1 2 vom Punkt P.

Beispiel 20. Die Abb. 100 bis 102 veranschaulichen den Fall negativer Werte von χ, $1'$—$2'$, aber eines positiven Wertes von $1''$—$2''$. Der resultierende Kreis 1 2 liegt nach Abb. 101 seiner Größe nach etwa in der Mitte zwischen den beiden Ausgangskreisen.

e) Ermittlung des resultierenden Verformungskreises[1].

Man zeichne gemäß Abb. 103 die beiden Verformungskreise vom Halbmesser MD' und MD'' um einen gemeinsamen Mittelpunkt M mit ihren Bezugsachsen MO'_v und MO''_v derart auf, daß die positiven ε'- und ε''-Achsen der beiden Kreise den Winkel 2χ unter Beachtung von dessen Vorzeichen bilden. Dann findet man den Halbmesser des resultierenden Kreises MD an Hand des Parallelogramms $MD'DD''$. Winkel $D'MD = 2\varphi_0$ bestimmt die Richtung der Hauptdehnung ε_1, die im gleichen Sinn unter dem Winkel φ_0 gegenüber ε'_1 liegt, während der Bezugspunkt O_v durch die algebraische Summe der Abszissen von M in den beiden Grundsystemen, im vorliegenden Falle durch $O_vM = O'_vM + O''_vM$ gegeben ist. Ist die Summe

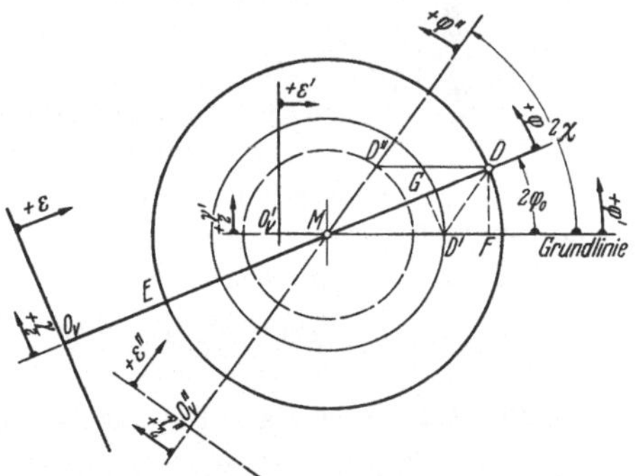

Abb. 103. Ermittlung von Größe und Richtung des resultierenden Verformungszustandes (ε_1, ε_2, φ_0) aus zwei Ausgangszuständen ($\varepsilon'_1\ \varepsilon'_2$), ($\varepsilon''_1\ \varepsilon''_2$).

positiv, so ist O_vM *rückwärts*, also auf dem Schenkel des Ergänzungswinkels $180° - \varphi_0$ anzutragen. Wäre die Summe negativ, so läge O bezogen auf M nach D hin.

Fällt man in Abb. 103 am Parallelogramm $MD'DD''$, dessen Seiten $(\varepsilon'_1 - \varepsilon'_2)/2$ und $(\varepsilon''_1 - \varepsilon''_2)/2$ darstellen, das Lot DF auf die Grundlinie, so ist

$$\operatorname{tg} FMD = \frac{DF}{MF} = \frac{MD''\sin 2\chi}{MD' + D'F} = \frac{(\varepsilon''_1 - \varepsilon''_2)\sin 2\chi}{(\varepsilon'_1 - \varepsilon'_2) + (\varepsilon''_1 - \varepsilon''_2)\cos 2\chi} = \operatorname{tg} 2\varphi_0$$

gemäß Gleichung (110). Das Lot $D'G$ auf MD teilt O_vD in $O_vG + GD$
$= O'_vM + O''_vM + MD'\cos 2\varphi_0 + D'D\cos 2(\chi - \varphi_0) = (1/2)\,[\varepsilon'_1 + \varepsilon'_2 + \varepsilon''_1 + \varepsilon''_2$
$+ (\varepsilon'_1 - \varepsilon'_2)\cos 2\varphi_0 + (\varepsilon''_1 - \varepsilon''_2)\cos 2(\chi - \varphi_0)] = \varepsilon_1$
gemäß Gleichung (111). In ganz entsprechender Weise läßt sich nachweisen, daß $O_vE = O_vM - ME = \varepsilon_2$ ist.

---

[1] Bekanntgegeben durch Dr.-Ing. JASCHKE gelegentlich der Maschinenelemente-Tagung Düsseldorf, Juni 1938.

Sind mehr als zwei Verformungszustände zusammenzusetzen, so kann man die Strecken MD', MD'', MD''' ... wie Kräfte, die von einem gemeinsamen Punkte M aus wirken, behandeln und die Resultante aus einem entsprechenden Polygonzug nach Größe und Richtung ermitteln. Denzugehörigen Koordinatenanfangspunkt findet man durch Auftragen von $\sum (\varepsilon_1 + \varepsilon_2)/2$ in der Art wie oben beschrieben.

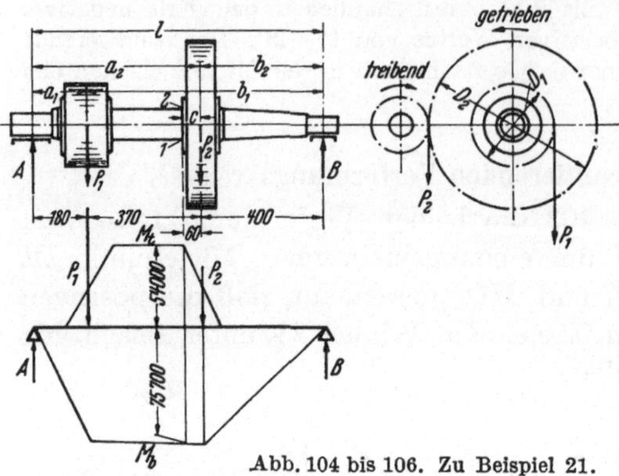

Das folgende Beispiel zeigt die Zusammensetzung zweier Spannungssysteme.

Beispiel 21. An dem Zahnradvorgelege, Abb. 104 und 105, mit $D_1 = 270$ und $D_2 = 546$ mm Teilkreisdurchmesser wirken Zahndrücke von $P_1 = 4000$, $P_2 = 1980$ kg und bedingen Momentenflächen,

Abb. 104 bis 106. Zu Beispiel 21.

Abb. 106. Die Beanspruchung der Welle von $d = 100$ mm $\varnothing$ in den Punkten 1 und 2 dicht neben der Nabe des Großrades ist zu ermitteln.

Auflagerdruck am rechten Zapfen

$$B = \frac{P_1 a_1 + P_2 a_2}{l} = \frac{4000 \cdot 18 + 1980 \cdot 55}{95} = 1904 \text{ kg}.$$

Querschnitt 1—2 wird auf Biegung beansprucht durch das Moment

$$M_b = B(b_2 + c) - P_2 c = 1904(40 + 6) - 1980 \cdot 6 \approx 75\,700 \text{ kgcm}$$

mit

$$\sigma_b = \pm \frac{32\,M_b}{\pi d^3} = \pm \frac{32 \cdot 75\,700}{\pi \cdot 10^3} = \pm 771 \text{ kg/cm}^2$$

und auf Drehung durch $M_t = P_1 D_1/2 = 4000 \cdot 13{,}5 = 54\,000$ kgcm mit

$$\tau_t = \frac{16\,M_t}{\pi d^3} = \frac{16 \cdot 54\,000}{\pi \cdot 10^3} = 275 \text{ kg/cm}^2.$$

Im Punkte 1 wirkt die Zugspannung $+\sigma_b = +771$ kg/cm² mit der Schubspannung $\tau_t = 275$ kg/cm², Abb. 107, im Punkte 2 die Druckspannung $-\sigma_b = -771$ kg/cm² mit der gleichen Schubspannung τ_t, Abb. 108, zusammen. In Abb. 110 bis 113 ist die Zusammensetzung der Spannungen an Hand der Spannungskreise durchgeführt. Ausgehend vom Koordinatenanfangspunkt O_s' ist $+\sigma_b = O_s'D'$ für Punkt 1 nach rechts abgetragen und darüber der Spannungskreis mit dem Mittelpunkt M geschlagen. Die Beanspruchung auf Drehung durch τ_t kann nach Abb. 109 als eine Beanspruchung auf Zug σ_z und auf Druck σ_d zahlenmäßig gleicher Höhe aufgefaßt werden, die unter $\chi = +45°$ zur Richtung von σ_b wirkt. Sie läßt sich durch einen Kreis um M mit $\sigma_z = \tau_t$ darstellen, wobei der Winkel $D'MD'' = 2\chi = +90°$ ist. Setzt man die Halbmesser der beiden Kreise zu MD zusammen, so ist die Richtung der Hauptspannungen durch den Winkel $+2\varphi_0$ gegeben, den MD mit der Abszissenachse bildet, während der Koordinatenanfangspunkt O_s für die resultierenden Spannungen durch $MO_s = +MO_s'$

bestimmt ist. Denn in dem Kreis für τ_t fällt der Bezugspunkt mit dem Mittelpunkt M zusammen, ist also der gegenseitige Abstand dieser beiden Punkte Null.

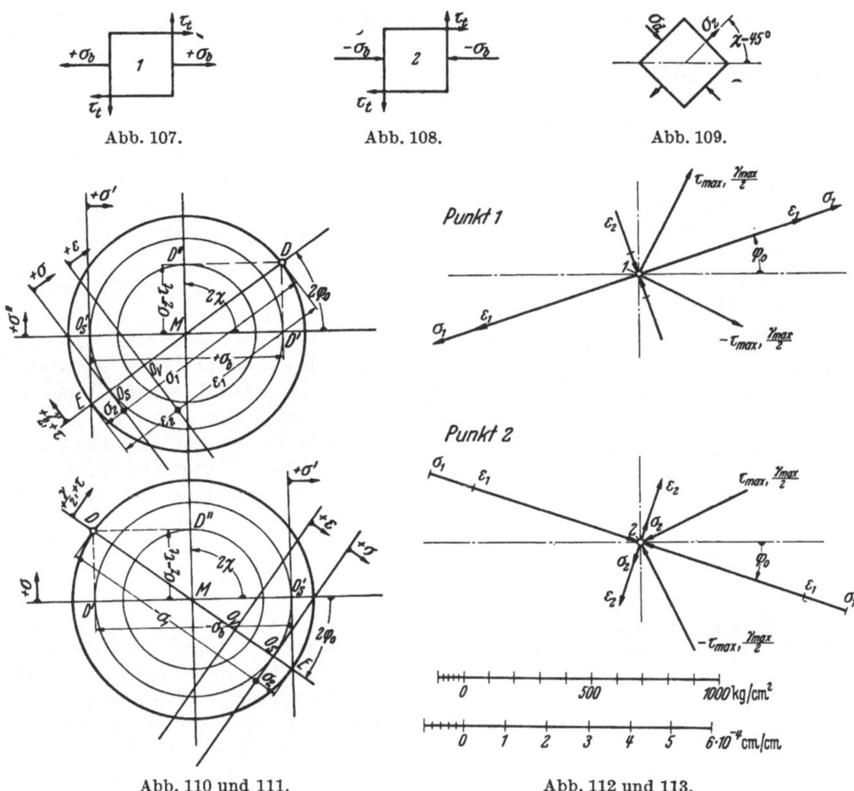

Abb. 107.   Abb. 108.   Abb. 109.

Abb. 110 und 111.   Abb. 112 und 113.

Abb. 107 bis 113. Zu Beispiel 21.

$O_s D$ ist die eine Hauptspannung $\sigma_1 = +859$ kg/cm², $O_s E$ die andere $\sigma_2 = -87{,}5$ kg/cm². Die erste ist in Abb. 112 unter dem Winkel $+\varphi_0$ gegenüber der Wellenachse geneigt, die zweite senkrecht dazu aufgetragen. Unter 45° zu ihnen wirken die größten Schubspannungen in Höhe von 473 kg/cm².

Die vorstehende Aufgabe läßt sich, da die Schubspannung τ_t senkrecht zur Normalspannung σ_b gerichtet ist, auch einfach an Hand des Mohrschen Spannungskreises, Abb. 114, lösen. Von O_s aus ist $\sigma_b = O_s A$ nach rechts, das Schubspannungspaar τ_t aber an den Endpunkten A und O_s als $A F$ und $O_s J$ aufgetragen.

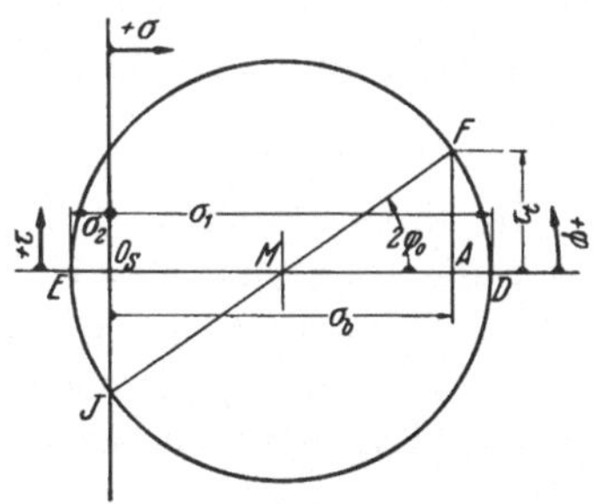

Abb. 114. Zu Beispiel 21.

Dann ist $J F$ der Durchmesser des Spannungskreises, $O_s D = \sigma_1$ die eine, $O_s E = \sigma_2$ die andere Hauptspannung, während der Winkel $D M F = 2\varphi_0$ die Richtung von σ_1 bestimmt.

Die Hauptdehnungen, die der Spannungszustand erzeugt, finden sich in Abb. 110 nach (37) an Hand von

$$MO_v = \frac{1-\mu}{1+\mu} \cdot \overline{MO_s} = 0{,}538 \cdot 1{,}28 = 0{,}69 \text{ cm}$$

bei einem Maßstab

$$m_v = \frac{\beta}{2}\, m_s = \frac{300}{2 \cdot 808\,000} = 1{,}86 \cdot 10^{-4} \text{ je cm}$$

oder $1 \cdot 10^{-4} = 0{,}54$ cm.

Es ist $\varepsilon_1 = 4{,}21 \cdot 10^{-4}$, $\varepsilon_2 = 1{,}64 \cdot 10^{-4}$.

Zur Ermittlung der Spannungen im Punkte 2 ist die Druckspannung $-\sigma_b$ in Abb. 111, von O_s' nach links abzutragen, im übrigen aber ganz entsprechend wie vorstehend beschrieben zu verfahren. Die Hauptspannungen bestehen aus einer unter dem Winkel $-\varphi_0$ geneigten Druckspannung von -859 kg/cm² und einer senkrecht dazu gerichteten Zugspannung von $+87{,}5$ kg/cm².

In der neutralen Faser der Welle herrschen entsprechend der reinen Beanspruchung auf Drehung durch τ_t Hauptspannungen von ±275 kg/cm² und Hauptdehnungen $\varepsilon_1 = 1{,}7 \cdot 10^{-4}$ und $\varepsilon_2 = -1{,}7 \cdot 10^{-4}$ unter $45°$ gegenüber einer Parallelen zur Wellenachse.

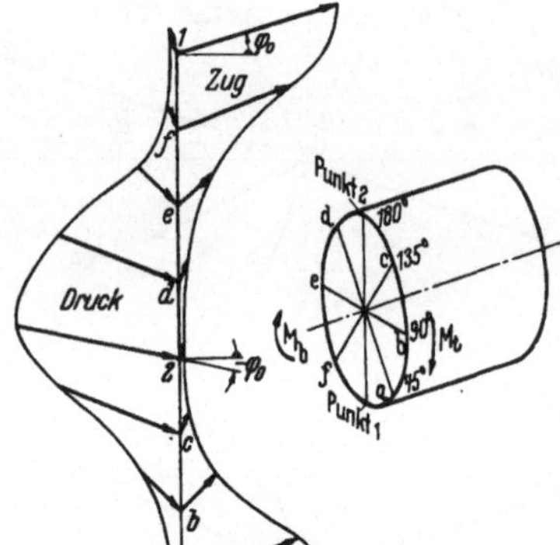

Abb. 115. Beanspruchung des Umfanges der Welle, Abb. 104, im Querschnitt 1—2.

Die Untersuchung zeigt, daß die Beanspruchung der Welle infolge der Überlagerung des konstanten Drehmoments über das wechselnde Biegemoment nicht mehr rein wechselnd ist, da die größten positiven und die negativen Hauptspannungen auf verschiedene, um den Winkel $2\varphi_0$ versetzte Fasern der Welle wirken. Wie Größe und Richtung der Hauptspannungen sich auf dem Umfang der Welle oder bei vollem Umlauf derselben ändern, zeigt Abb. 115, wo sie an der Abwicklung einer Wellenumfangslinie aufgetragen sind.

K. Der räumliche Verformungs- und Spannungszustand.

a) Der räumliche Verformungszustand.

In einem Punkte P eines isotropen oder quasiisotropen Körpers seien die Richtungen und Größen der räumlichen Hauptdehnungen ε_1, ε_2 und ε_3 bekannt und parallel zu ihnen ein XYZ-Koordinatensystem in P, Abb. 116, angenommen. Dann kann die Richtung eines Strahles Pg von der Länge ds entweder durch die Winkel φ, ψ und χ oder die Koordinaten dx, dy und dz des Punktes g festgelegt werden. Der über diesen Koordinaten gebildete Quader geht unter der Wirkung der Hauptspannungen σ_1, σ_2 und σ_3 in die gestrichelt gezeichnete Form über. Dabei gelangt der Punkt g nach g' mit den Koordinaten $(1+\varepsilon_1)\,dx$, $(1+\varepsilon_2)\,dy$ und $(1+\varepsilon_3)\,dz$.

1. Ermittlung der Dehnung ε.

Nach Abb. 116 ist $\overline{Pg'}^2 = \overline{Pe'}^2 + \overline{e'f'}^2 + \overline{f'g'}^2$ oder

$$(1 + \varepsilon)^2 \, ds^2 = (1 + \varepsilon_1)^2 \, dx^2 + (1 + \varepsilon_2)^2 \, dy^2 + (1 + \varepsilon_3)^2 \, dz^2,$$

eine Gleichung, die mit

$$(112) \qquad dx/ds = \cos\varphi, \quad dy/ds = \cos\psi \quad \text{und} \quad dz/ds = \cos\chi$$

übergeht in

$$(113) \quad (1 + \varepsilon)^2 = (1 + \varepsilon_1)^2 \cos^2\varphi + (1 + \varepsilon_2)^2 \cos^2\psi + (1 + \varepsilon_3)^2 \cos^2\chi.$$

Da bei Belastung von metallischen Körpern unterhalb der Fließgrenze die Dehnungen sehr klein sind, kann man $(1 + \varepsilon)^2 \approx 1 + 2\varepsilon$ setzen. Mit der bekannten Beziehung

$$(114) \qquad \cos^2\varphi + \cos^2\psi + \cos^2\chi = 1$$

führt (113) zu

$$(115) \qquad \boxed{\varepsilon = \varepsilon_1 \cos^2\varphi + \varepsilon_2 \cos^2\psi + \varepsilon_3 \cos^2\chi} \, ,$$

die im Aufbau völlig der Beziehung (9) des ebenen Verformungszustandes entspricht.

2. Ermittlung der Drehung $\delta = \sphericalangle\, g\,P\,g'$.

Sie errechnet sich als Winkel zwischen den Schenkeln Pg und Pg', deren Richtungen durch die Winkel φ, ψ, χ und φ', ψ', χ' gegeben sind. Betrachtet man auf diesen Schenkeln zwei Punkte m und n, die von P um die Längeneinheit abstehen, so sino ihre Koordinaten durch die Kdsinusse der Richtungswinkel bestimmt. Die Strecke mn ergibt sich daher aus

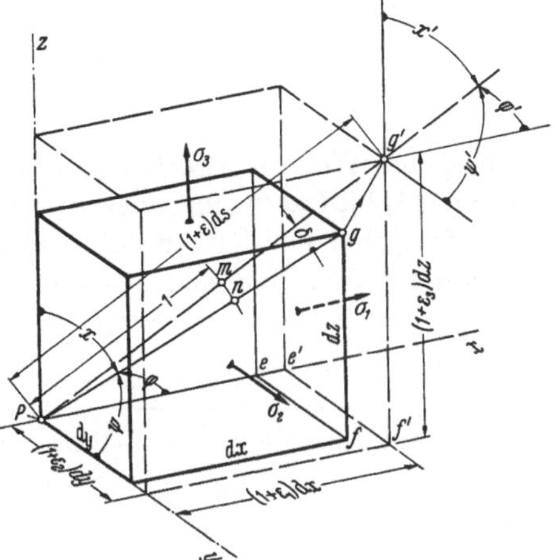

Abb. 116. Zur Ermittlung der räumlichen Verformungskomponenten.

$$\overline{m\,n}^2 = (\cos\varphi' - \cos\varphi)^2 + (\cos\psi' - \cos\psi)^2 + (\cos\chi' - \cos\chi)^2.$$

Mit Hilfe der Gleichung (114), die auch für die Winkel φ', ψ' und χ' gilt, geht die Beziehung über in

$$\overline{m\,n}^2 = 2 - 2\,(\cos\varphi' \cos\varphi + \cos\psi' \cos\psi + \cos\chi' \cos\chi).$$

Andererseits liefert der Kosinussatz am Dreieck Pmn

$$\overline{mn}^2 = 1^2 + 1^2 - 2 \cdot 1 \cdot 1 \cdot \cos\delta = 2 - 2\cos\delta.$$

Aus diesen beiden Gleichungen folgt

$$\cos\delta = \cos\varphi'\cos\varphi + \cos\psi'\cos\psi + \cos\chi'\cos\chi.$$

Für die weitere Behandlung ist $\sin\delta = \sqrt{1-\cos^2\delta}$ zu entwickeln, da bei den kleinen Drehungen, wie sie bei Dehnungsmessungen im elastischen Gebiet in Betracht kommen, $\cos\delta \approx 1$ wird, während $\sin\delta$ dem Bogen δ zustrebt. Wird dabei

$$1 = (\cos^2\varphi + \cos^2\psi + \cos^2\chi)\cdot(\cos^2\varphi' + \cos^2\psi' + \cos^2\chi')$$

gesetzt, so wird

$$\sin^2\delta \approx \delta^2 = (\cos\varphi\cos\psi' - \cos\psi\cos\varphi')^2 + (\cos\chi\cos\varphi' - \cos\varphi\cos\chi')^2$$
$$+ (\cos\chi\cos\psi' - \cos\psi\cos\chi')^2.$$

Es geht mit den Beziehungen

$$\cos\varphi' = \frac{(1+\varepsilon_1)\,dx}{(1+\varepsilon)\,ds} = \frac{1+\varepsilon_1}{1+\varepsilon}\cos\varphi,$$

$$\cos\psi' = \frac{1+\varepsilon_2}{1+\varepsilon}\cos\psi, \quad \cos\chi' = \frac{1+\varepsilon_3}{1+\varepsilon}\cos\chi,$$

die aus Abb. 116 abgelesen werden können, über in

$$(116)\quad \begin{cases} (1+\varepsilon)^2\delta^2 = (\varepsilon_1 - \varepsilon_2)^2\cos^2\varphi\cos^2\psi + (\varepsilon_1 - \varepsilon_3)^2\cos^2\varphi\cos^2\chi \\ \qquad + (\varepsilon_2 - \varepsilon_3)^2\cos^2\psi\cos^2\chi. \end{cases}$$

Für kleine Werte von δ kann $(1+\varepsilon)^2 \approx 1$ gesetzt werden. Ferner war durch (14) bis (20) nachgewiesen worden, daß δ im ebenen Verformungssystem gleich der halben Schiebung $\gamma/2$ ist; das gleiche gilt auch für räumliche Verformungen, so daß man schließlich

$$(117)\quad \boxed{\begin{aligned} \delta^2 = (\gamma/2)^2 = (\varepsilon_1 - \varepsilon_2)^2\cos^2\varphi\cos^2\psi + (\varepsilon_1 - \varepsilon_3)^2\cos^2\varphi\cos^2\chi \\ + (\varepsilon_2 - \varepsilon_3)^2\cos^2\psi\cos^2\chi \end{aligned}}$$

erhält, ein Ausdruck, der in Beziehung (20) des zweiachsigen Zustandes übergeht, wenn $\chi = 90°$ gesetzt und beachtet wird, daß dann $\psi = 90° - \varphi$ ist.

3. Ermittlung der Verzerrung ν.

Aus Abb. 116 folgt mit

$$\overline{gg'}^2 = (Pe' - Pe)^2 + (e'f' - ef)^2 + (f'g' - fg)^2$$

die Beziehung

$$\nu^2\,ds^2 = \varepsilon_1^2\,dx^2 + \varepsilon_2^2\,dy^2 + \varepsilon_3^2\,dz^2,$$

die mit den Gleichungen (112) übergeht in

$$(118)\quad \boxed{\nu^2 = \varepsilon_1^2\cos^2\varphi + \varepsilon_2^2\cos^2\psi + \varepsilon_3^2\cos^2\chi}\,,$$

vgl. Beziehung (23) des ebenen Verformungszustandes.

b) Der räumliche Spannungszustand.

In einem Punkte P, Abb. 117, eines isotropen Körpers seien Größe und Richtung der Hauptspannungen σ_1, σ_2 und σ_3 gegeben. Es ist nach der Größe der Spannung ϱ gefragt, die durch den Punkt P geht und in einer Fläche abc herrscht, deren Normale n gegenüber den Richtungen der Hauptspannungen unter den Winkeln φ, ψ und χ geneigt ist. Zu diesem Zweck denkt man sich aus dem Körper ein unendlich kleines Tetraeder $abcP$ herausgeschnitten, auf dessen Seitenflächen $dF_1 = bPc$, $dF_2 = aPc$ und $dF_3 = aPb$ σ_1, σ_2 und σ_3 wirken, indem das XYZ-Koordinatenkreuz parallel zu deren Richtungen angenommen ist.

1. Ermittlung der Spannung ϱ.

Zerlegt man ϱ in Komponenten parallel zu den Koordinatenachsen, so erhält man die Größen ϱ_x, ϱ_y und ϱ_z, die mit ϱ über die Gleichung

$$(119) \qquad \varrho^2 = \varrho_x^2 + \varrho_y^2 + \varrho_z^2$$

zusammenhängen.

Aus den Gleichgewichtsbedingungen in Richtung der Achsen ergibt sich

$$\sigma_1 dF_1 = \varrho_x dF,$$
$$\sigma_2 dF_2 = \varrho_y dF,$$
$$\sigma_3 dF_3 = \varrho_z dF,$$

wobei die Flächen in folgender Beziehung stehen

$$dF_1 = dF \cos\varphi,$$
$$dF_2 = dF \cos\psi,$$
$$dF_3 = dF \cos\chi,$$

so daß

$$(120) \qquad \begin{cases} \sigma_1 \cos\varphi = \varrho_x, \\ \sigma_2 \cos\psi = \varrho_y, \\ \sigma_3 \cos\chi = \varrho_z \end{cases}$$

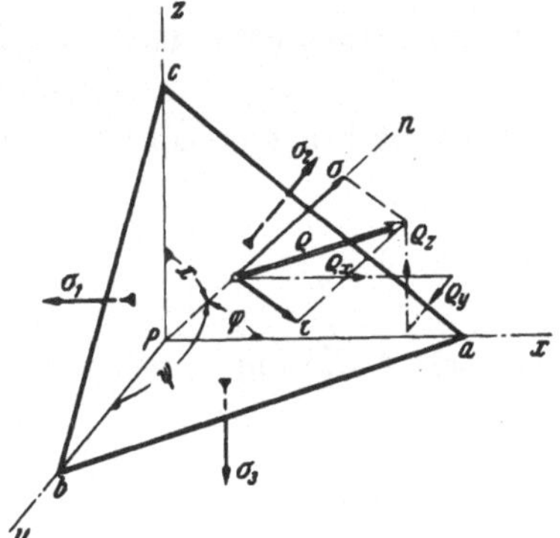

Abb. 117. Gleichgewicht am Tetraeder.

ist. Führt man diese Beziehungen in (119) ein, so gilt

$$(121) \qquad \boxed{\varrho^2 = \sigma_1^2 \cos^2\varphi + \sigma_2^2 \cos^2\psi + \sigma_3^2 \cos^2\chi},$$

vgl. (29) für den ebenen Spannungszustand.

Zerlegt man ϱ in zwei senkrecht aufeinander stehende Komponenten derart, daß eine in die Richtung der Flächennormalen n, Abb. 117, die andere in die Fläche abc fällt, so erhält man die Normalspannung σ und die Schubspannung τ, die die Fläche abc beanspruchen.

2. Ermittlung der Normalspannung σ.

Sie läßt sich als Summe der Projektionen der Spannungskomponenten ϱ_x, ϱ_y und ϱ_z auf die Normale n in der Form

$$\sigma = \varrho_x \cos\varphi + \varrho_y \cos\psi + \varrho_z \cos\chi$$

anschreiben. In Verbindung mit den Gleichungen (120) wird

$$(122) \qquad \boxed{\sigma = \sigma_1 \cos^2\varphi + \sigma_2 \cos^2\psi + \sigma_3 \cos^2\chi}\,,$$

entsprechend Beziehung (25) des ebenen Spannungszustandes.

3. Ermittlung der Schubspannung τ.

Diese erhält man über die Bedingung

$$\varrho^2 = \sigma^2 + \tau^2$$

mit Hilfe der Gleichungen (114), (121) und (122) zu

$$(123) \qquad \boxed{\begin{aligned} \tau^2 &= (\sigma_1 - \sigma_2)^2 \cos^2\varphi \cos^2\psi + (\sigma_1 - \sigma_3)^2 \cos^2\varphi \cos^2\chi \\ &\quad + (\sigma_2 - \sigma_3)^2 \cos^2\psi \cos^2\chi \end{aligned}}\,.$$

Im ebenen Spannungssystem geht die Formel mit $\chi = 90°$ in die Beziehung (27) über.

c) Zusammenhang zwischen dem räumlichen Verformungs- und Spannungszustand.

Er ist durch das Überlagerungsgesetz

$$(124) \qquad \begin{cases} \varepsilon_1 = \alpha[\sigma_1 - \mu(\sigma_2 + \sigma_3)], \\ \varepsilon_2 = \alpha[\sigma_2 - \mu(\sigma_1 + \sigma_3)], \\ \varepsilon_3 = \alpha[\sigma_3 - \mu(\sigma_1 + \sigma_2)] \end{cases}$$

oder bei Auflösung nach den Spannungen unter Benutzung von $\beta = 2\alpha(1 + \mu)$

$$(125) \qquad \begin{cases} \sigma_1 = \dfrac{2}{\beta}\left(\varepsilon_1 + \dfrac{\mu}{1 - 2\mu}\cdot e\right), \\[2mm] \sigma_2 = \dfrac{2}{\beta}\left(\varepsilon_2 + \dfrac{\mu}{1 - 2\mu}\cdot e\right), \\[2mm] \sigma_3 = \dfrac{2}{\beta}\left(\varepsilon_3 + \dfrac{\mu}{1 - 2\mu}\cdot e\right) \end{cases}$$

gegeben, worin $e = \varepsilon_1 + \varepsilon_2 + \varepsilon_3$ die Dilatation (Volumzunahme je Raumeinheit) bedeutet.

Die Differenz je zweier der Gleichungen (125) führt zu

$$(126) \qquad \frac{\varepsilon_1 - \varepsilon_2}{\sigma_1 - \sigma_2} = \frac{\varepsilon_1 - \varepsilon_3}{\sigma_1 - \sigma_3} = \frac{\varepsilon_2 - \varepsilon_3}{\sigma_2 - \sigma_3} = \frac{\beta}{2}\,,$$

d. h. die Unterschiede einander entsprechender Hauptdehnungen und Hauptspannungen stehen in einem festen Verhältnis. Da ferner die

Schiebung γ mit der Schubspannung τ über die Gleichung $\gamma = \beta \cdot \tau$ in Beziehung steht, läßt sich aus den Gleichungen (117) und (123) ableiten, daß die Drehung

$$(127) \qquad\qquad \delta = \frac{\gamma}{2}$$

ist, daß also δ der halben Schiebung entspricht.

d) Zeichnerische Darstellung des räumlichen Verformungszustandes.

Die Gesetze (115) und (122), (117) und (123) sowie (118) und (121) zeigen denselben Aufbau und lassen sich durch Vertauschen der Hauptdehnungen mit den Hauptspannungen ineinander überführen. Das ermöglicht die Darstellung räumlicher Verformungen durch ein System von Kreisen, entsprechend den Mohrschen Kreisen für den dreiachsigen Spannungszustand.

Die Aufgabe besteht darin, aus den bekannten Hauptdehnungen ε_1, ε_2 und ε_3, die in beliebiger Richtung gegenüber diesen Größen auftretenden Verformungen ν, ε und $\gamma/2$ zeichnerisch zu ermitteln. Hierzu sei bemerkt, daß die

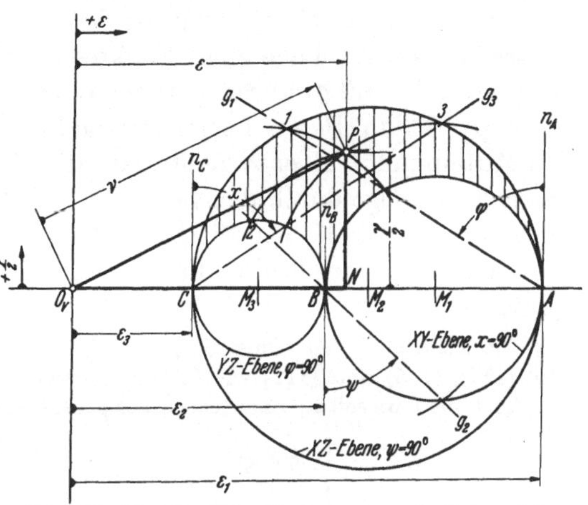

Abb. 118. Der räumliche Verformungszustand in zeichnerischer Darstellung.

Kenntnis von zweien der Winkel φ, ψ und χ genügt, weil sie die Gleichung (114) erfüllen müssen, um die Konstruktion wie folgt durchzuführen.

Man trägt von einem Punkte O_v, Abb. 118, aus die Hauptdehnungen ε_1, ε_2 und ε_3 als Längen auf einer als ε-Achse gewählten Horizontalen ab, errichtet in den erhaltenen Punkten A, B und C die Senkrechten n_A, n_B, n_C und halbiert die Abstände zwischen den Endpunkten A und B in M_1, zwischen A und C in M_2 und zwischen B und C in M_3. Der Kreis über AB entspricht $\cos\chi = 0$, d. h. $\chi = 90°$. Denn Gleichung (115) geht mit $\chi = 90°$ über in

$$\varepsilon = \varepsilon_1 \cos^2\varphi + \varepsilon_2 \cos^2\psi.$$

Da sich aber φ und ψ in der XY-Ebene zu $90°$ ergänzen, also $\psi = 90° - \varphi$ ist, wird $\varepsilon = \varepsilon_1 \cos^2\varphi + \varepsilon_2 \sin^2\varphi$ oder unter Beachtung von (10)

$$\varepsilon = \frac{\varepsilon_1 + \varepsilon_2}{2} + \frac{\varepsilon_1 - \varepsilon_2}{2} \cos 2\varphi,$$

entspricht also den Abszissen des Kreises über AB, wie an Abb. 30

nachgewiesen wurde. Punkte auf ihm geben also die Verformungen in der XY-Ebene, Abb. 118, an, die den Hauptdehnungen ε_1 und ε_2 unterliegt.

In entsprechender Weise gilt der Kreis über BC für $\varphi = 90°$ oder für die YZ-Ebene, derjenige über CA für $\psi = 90°$ oder für die XZ-Ebene. Die Verformungen, die zu Punkten im Raum gehören, aber einen und denselben Winkel φ haben, also auf einer Kegelfläche um die X-Achse liegen, sind durch Punkte auf einem Kreis um M_3, konzentrisch zu dem über BC geschlagenen, gekennzeichnet, jedoch auf den Bereich zwischen den Grenzkreisen für $\psi = 90°$ und $\chi = 90°$ beschränkt, weil $90°$ der äußerste Wert ist, den diese Winkel annehmen können. Die von den drei Grenzkreisen umrandete, schraffierte Fläche kommt somit zur Darstellung der Verformungen aller Raumpunkte in Betracht. Ist die Lage eines Punktes durch φ und χ gegeben, so zieht man einen Strahl g_1 durch A unter φ gegen n_A geneigt, der den Grenzkreis $\psi = 90°$ im Punkt 1 schneidet und legt durch 1 einen Kreis mit M_3 als Mittelpunkt. Ebenso zieht man Strahl g_3 durch C unter χ gegen n_C geneigt und legt durch den Schnittpunkt 3 mit dem Kreis für $\psi = 90°$ einen Kreis mit M_1 als Mittelpunkt. Der Schnittpunkt P der beiden Kreise ist dann der Endpunkt einer Strecke $O_v P = v$, deren Horizontalprojektion $O_v N = \varepsilon$ und deren Vertikalprojektion $NP = \gamma/2$ ist.

Die Richtigkeit der Konstruktion nach Abb. 118 kann an Hand der Gleichungen (114), (115) und (117) wie folgt nachgewiesen werden.

Löst man dieselben nach $\cos\varphi$, $\cos\psi$ und $\cos\chi$ auf, so findet man

$$(128)\quad \left\{ \begin{aligned} \cos^2\varphi &= \frac{(\gamma/2)^2 + (\varepsilon - \varepsilon_2)(\varepsilon - \varepsilon_3)}{(\varepsilon_1 - \varepsilon_2)(\varepsilon_1 - \varepsilon_3)}, \\ \cos^2\psi &= \frac{(\gamma/2)^2 + (\varepsilon - \varepsilon_1)(\varepsilon - \varepsilon_3)}{(\varepsilon_1 - \varepsilon_2)(\varepsilon_3 - \varepsilon_2)}, \\ \cos^2\chi &= \frac{(\gamma/2)^2 + (\varepsilon - \varepsilon_1)(\varepsilon - \varepsilon_2)}{(\varepsilon_2 - \varepsilon_3)(\varepsilon_1 - \varepsilon_3)}. \end{aligned} \right.$$

Mit bestimmten Werten von φ, ψ und χ stellen diese Gleichungen Kreise mit den Veränderlichen ε und $\gamma/2$ und den Halbmessern

$$(129)\quad \left\{ \begin{aligned} r_1^2 &= \cos^2\varphi\,(\varepsilon_1 - \varepsilon_3)(\varepsilon_1 - \varepsilon_2) + \left(\frac{\varepsilon_2 - \varepsilon_3}{2}\right)^2, \\ r_2^2 &= \cos^2\psi\,(\varepsilon_1 - \varepsilon_2)(\varepsilon_3 - \varepsilon_2) + \left(\frac{\varepsilon_1 - \varepsilon_3}{2}\right)^2, \\ r_3^2 &= \cos^2\chi\,(\varepsilon_2 - \varepsilon_3)(\varepsilon_1 - \varepsilon_3) + \left(\frac{\varepsilon_1 - \varepsilon_2}{2}\right)^2 \end{aligned} \right.$$

dar, deren Mittelpunkte in M_1, M_2 und M_3, Abb. 118, liegen. Denn erweitert man z. B. r_1^2 mit $\sin^2\varphi + \cos^2\varphi = 1$, indem man schreibt

$$r_1^2 = \cos^2\varphi\,(\varepsilon_1 - \varepsilon_3)(\varepsilon_1 - \varepsilon_2) + \left(\frac{\varepsilon_2 - \varepsilon_3}{2}\right)^2 (\sin^2\varphi + \cos^2\varphi)$$

$$(130)\quad r_1^2 = \left(\varepsilon_1 - \frac{\varepsilon_2 + \varepsilon_3}{2}\right)^2 \cos^2\varphi + \left(\frac{\varepsilon_2 - \varepsilon_3}{2}\right)^2 \sin^2\varphi,$$

so kann r_1 durch folgende zeichnerische Lösung bestimmt werden.

Man errichtet in A, Abb. 119, eine Senkrechte n_A auf der ε-Achse und zieht eine Gerade g_1, die gegen n_A unter $\varphi°$ geneigt ist. Dann schneidet g_1 die Kreise $\psi = 90°$ und $\chi = 90°$ in den Punkten 1 und 1'. Die Normale von M_3 auf g_1 liefert den Punkt a, während der Halbmesser r_1 als Strecke $\overline{M_3 1}$ oder $\overline{M_3 1'}$ erscheint. Denn im Dreiecke $M_3 a 1'$ ist

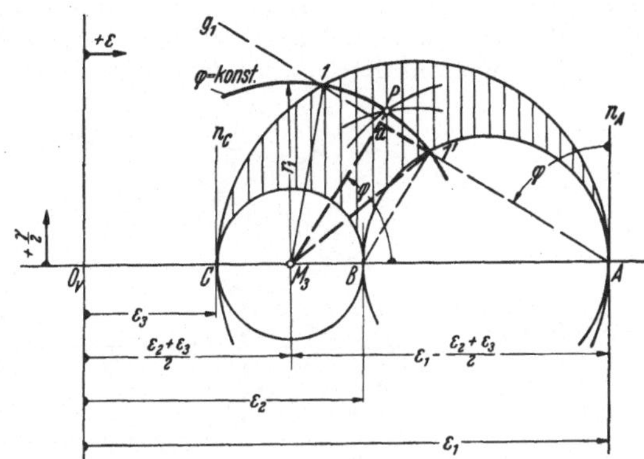

Abb. 119. Zur Darstellung des räumlichen Verformungszustandes.

$$(131) \qquad r_1^2 = \overline{M_3 a}^2 + \overline{a 1'}^2$$

und im Dreiecke $M_3 a A$

$$\overline{M_3 a} = \left(\varepsilon_1 - \frac{\varepsilon_2 + \varepsilon_3}{2} \right) \cos\varphi,$$

während aus dem Trapez $M_3 a 1' B$

$$\overline{a 1'} = \left(\frac{\varepsilon_2 - \varepsilon_3}{2} \right) \sin\varphi$$

folgt. Die beiden letzten Beziehungen in (131) eingesetzt, führen zur Gleichung (130) und bestätigen damit die Richtigkeit der Zeichnung.

Zur Ermittlung von r_2 und r_3 ist der analoge Weg einzuschlagen, so daß man schließlich drei Kreise für bestimmte Werte von φ, ψ und χ findet, die sich zufolge der Bedingung (114) in einem Punkte P schneiden. Seine Koordinaten liefern ε und $\gamma/2$.

Die Grenzwerte von $\varphi = \psi = \chi = 0°$ oder $\cos^2\varphi = \cos^2\psi = \cos^2\chi = 1$ verändern die Gleichungen (129) in

$$r_{1\,max} = \varepsilon_1 - \frac{\varepsilon_2 + \varepsilon_3}{2} = M_3 A,$$

Abb. 118, d. i. der größte Wert, den r_1 in dem Feld für die räumlichen Verformungen annehmen kann,

$$r_{2\,min} = \frac{\varepsilon_1 + \varepsilon_3}{2} - \varepsilon_2 = M_2 B,$$

d. i. der kleinste Halbmesser um M_2,

$$r_{3\,max} = \frac{\varepsilon_1 + \varepsilon_2}{2} - \varepsilon_3 = M_1 C,$$

d. i. der größte Halbmesser um M_1, wodurch die Senkrechten n_A, n_B und n_C in den Punkten A, B und C als Tangenten an den eben erwähnten Kreisen verständlich werden, an die φ, ψ und χ anzutragen sind.

Die vorstehenden Ausführungen beziehen sich auf den Fall, daß die Verformungen im Vergleich zu den Abmessungen des untersuchten Körpers sehr klein sind, wie das an den üblichen Werkstoffen des Maschinenbaus im elastischen Gebiet zutrifft. Handelt es sich dagegen um große Formänderungen, wie solche z. B. an Gummi oder an Stahl nach starkem Überschreiten der Fließgrenze auftreten, so gelten die Gleichungen (113), (116) und (118). Der Koordinatenanfangspunkt ist nach Abb. 120 um die Längeneinheit von O_v nach O_1 ($O_vO_1 = 1$) zu verlegen und mit O_1 als Mittelpunkt ein Kreis E mit dem Halbmesser O_vO_1 (Einheits-

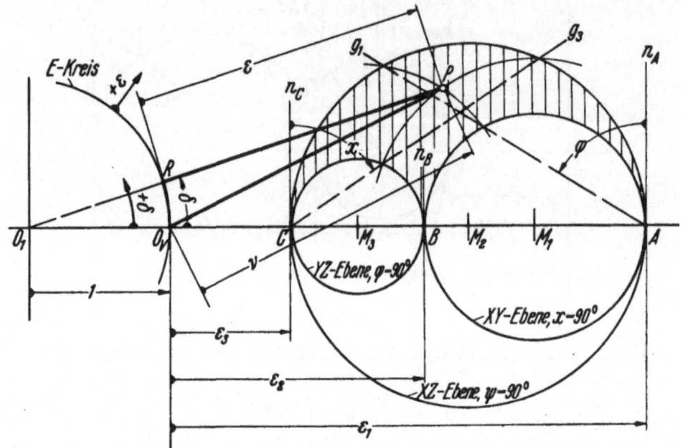

Abb. 120. Räumlicher Verformungszustand bei großen Formänderungen.

kreis) zu schlagen. Dann ergeben sich die Komponenten der Verzerrung v als Strecke $RP = \varepsilon$ und als Bogen $RO_v = \delta$, wobei aber die Beziehung (19), nach der die Drehung δ der halben Schiebung $\gamma/2$ entspricht, nicht mehr gilt. (Den Nachweis der Richtigkeit und weitere Einzelheiten bringt ein demnächst erscheinender Aufsatz von Dr.-Ing. R. Jaschke.

e) Darstellung zusammengehöriger räumlicher Verformungs- und Spannungszustände.

Entsprechend den vorstehenden Ausführungen lassen sich auch räumliche *Spannung*szustände für sich allein, aber auch zusammen mit den durch sie erzeugten Verformungen darstellen, und zwar zweckmäßigerweise durch drei Kreise und zwei Bezugspunkte O_v und O_s. Aufstellung 4 bringt die einschlägigen Beziehungen. (Von einem Bezugspunkt auszugehen und die Verformungen und Spannungen durch je drei Kreise wiederzugeben, führt zu verwickelten Bildern; deshalb sei darauf nicht näher eingegangen.) Im zweiachsigen Verformungszustand bezieht man die Punkte O_v und O_s auf den Mittelpunkt M des Kreises, so daß der Abstand $MO_v = (\varepsilon_1 + \varepsilon_2)/2$, also gleich dem arithmetischen Mittel der beiden Hauptdehnungen ist. Im räumlichen System ist zunächst ein Punkt M zu suchen, der der Bedingung $O_vM = (\varepsilon_1 + \varepsilon_2 + \varepsilon_3)/3$ entspricht und von ihm aus O_s zu ermitteln. Dazu dient das Verhältnis (134), das sich durch Summieren der drei Einzelbeziehungen (125) ergibt.

Aufstellung 4.

Zustand

eben	räumlich

$$O_v M = \frac{\varepsilon_1 + \varepsilon_2}{2},$$

$$(132) \quad O_v M = \frac{\varepsilon_1 + \varepsilon_2 + \varepsilon_3}{3},$$

$$O_s M = \frac{\sigma_1 + \sigma_2}{2},$$

$$(133) \quad O_s M = \frac{\sigma_1 + \sigma_2 + \sigma_3}{3},$$

bei Darstellung an Hand zweier Bezugspunkte:

$$(32 \text{ u. } 35) \quad \frac{MO_s}{MO_v} = \frac{\beta}{2}\frac{\sigma_1 + \sigma_2}{\varepsilon_1 + \varepsilon_2} = \frac{1+\mu}{1-\mu},$$

$$(134) \quad \frac{MO_s}{MO_v} = \frac{\beta}{2}\frac{\sigma_1 + \sigma_2 + \sigma_3}{\varepsilon_1 + \varepsilon_2 + \varepsilon_3} = \frac{1+\mu}{1-2\mu},$$

$$(30) \quad m_s = \frac{2}{\beta}\, m_v,$$

$$(30) \quad m_s = \frac{2}{\beta}\, m_v,$$

$$(33) \quad \begin{cases} \sigma_1 = \dfrac{\varepsilon_1 + \mu\varepsilon_2}{(1-\mu^2)\alpha} = \dfrac{2}{\beta}\left[\varepsilon_1 + \dfrac{\mu(\varepsilon_1 + \varepsilon_2)}{1-\mu}\right], \\[3mm] \sigma_2 = \dfrac{\varepsilon_2 + \mu\varepsilon_1}{(1-\mu^2)\alpha} = \dfrac{2}{\beta}\left[\varepsilon_2 + \dfrac{\mu(\varepsilon_1 + \varepsilon_2)}{1-\mu}\right], \end{cases}$$

$$(125) \quad \begin{cases} \sigma_1 = \dfrac{2}{\beta}\left[\varepsilon_1 + \dfrac{\mu(\varepsilon_1 + \varepsilon_2 + \varepsilon_3)}{1-2\mu}\right], \\[3mm] \sigma_2 = \dfrac{2}{\beta}\left[\varepsilon_2 + \dfrac{\mu(\varepsilon_1 + \varepsilon_2 + \varepsilon_3)}{1-2\mu}\right], \\[3mm] \sigma_3 = \dfrac{2}{\beta}\left[\varepsilon_3 + \dfrac{\mu(\varepsilon_1 + \varepsilon_2 + \varepsilon_3)}{1-2\mu}\right]. \end{cases}$$

Der Festwert $\dfrac{(1+\mu)}{(1-2\mu)}$ und sein Kehrwert sowie $\mu/(1-2\mu)$ können Spalte 12 bis 14 der Aufstellung 1, Seite 3 oder Abb. 121 entnommen werden. O_s liegt stets auf derselben Seite wie O_v, aber in größerem Abstande, bezogen auf den Ausgangspunkt M. Zeichnerisch findet man M wie gestrichelt an Abb. 122 angegeben, wenn man in den Schnittpunkten des großen Verformungskreises mit der Abszissenachse zwei Lote gleicher, sonst aber beliebiger Länge errichtet und von ihren Endpunkten Gerade nach den Mittelpunkten M_1 und M_2 der beiden inneren Kreise zieht. M liegt senkrecht unter dem Schnittpunkt S der beiden Größen.

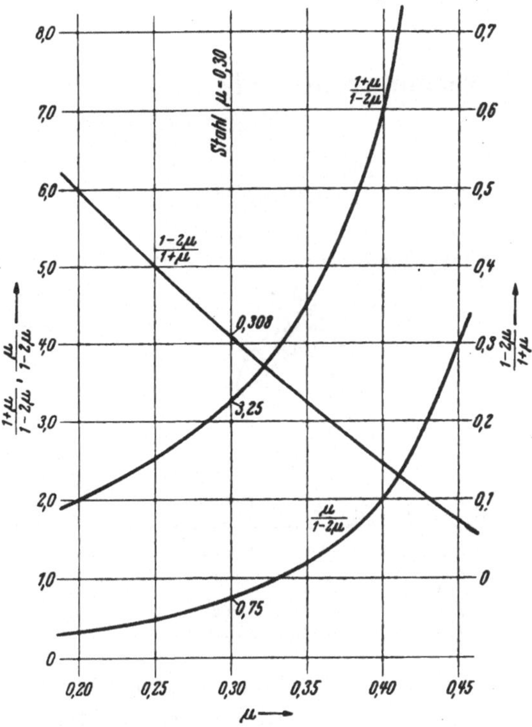

Abb. 121. Hilfswerte $\dfrac{1+\mu}{1-2\mu}$, $\dfrac{1-2\mu}{1+\mu}$ und $\dfrac{\mu}{1-2\mu}$ in Abhängigkeit von der Querzahl μ.

Ist ein räumlicher Spannungszustand σ_1, σ_2, σ_3, bezogen auf den Ausgangspunkt O_s, gegeben, so führt $O_sM = (\sigma_1 + \sigma_2 + \sigma_3)/3$ zu dem Punkt M und Beziehung (134) zu O_v.

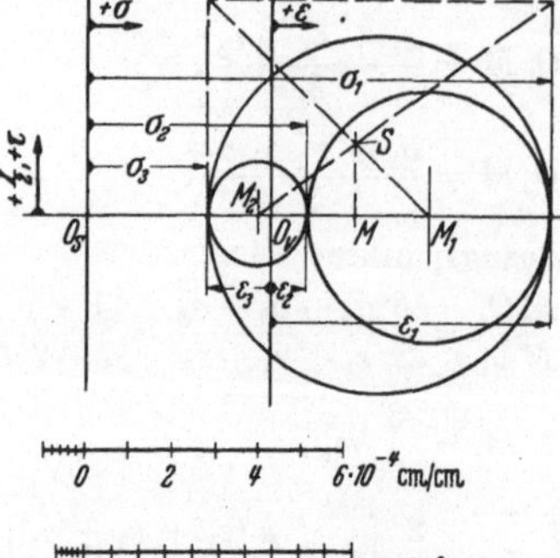

Abb. 122. Darstellung eines räumlichen Verformungs- und Spannungszustandes. Beispiel 22.

Beispiel 22. Wenn $\varepsilon_1 = 6{,}45 \cdot 10^{-4}$, $\varepsilon_2 = 0{,}85 \cdot 10^{-4}$, $\varepsilon_3 = -1{,}5 \cdot 10^{-4}$ an Stahl ist, so ist das Verformungssystem durch Abb. 122 bei einem Maßstab 1 cm $= 3 \cdot 10^{-4}$ gegeben. Dann wird der Abstand des Punktes M von O_v durch

$$O_vM = \frac{\varepsilon_1 + \varepsilon_2 + \varepsilon_3}{3} = \frac{6{,}45 + 0{,}85 - 1{,}5}{3} \cdot 10^{-4}$$

$$= 1{,}93 \cdot 10^{-4}$$

oder im Maßstab der Abbildung 0,643 cm, der Bezugspunkt der Spannungen O_s aber durch

$$MO_s = \frac{1+\mu}{1-2\mu} MO_v = 3{,}25 \cdot 1{,}93 \cdot 10^{-4} = 6{,}27 \cdot 10^4$$

entsprechend 2,09 cm bestimmt.

Spannungsmaßstab:

$$m_s = \frac{2}{\beta} m_v = 2 \cdot 808000 \cdot 3 \cdot 10^{-4} = 484 \text{ kg/cm}^2 \text{ je 1 cm}$$

oder 100 kg/cm² $= 0{,}206$ cm.

Ergebnis: $\sigma_1 = 1750$, $\sigma_2 = 840$, $\sigma_3 = 461$ kg/cm².

L. Spannungszustände an den Oberflächen und im Innern von Wandungen und Körpern.

a) Allgemeines.

Bei der Ermittlung der Fließ- oder Bruchgefahr sind neben der Beanspruchung der Meßfläche auch die im Innern der Wandung und an der Gegenfläche herrschenden Verformungen und Spannungen zu beachten. Wenn, wie in der Regel, an der Meßfläche keine äußeren Kräfte oder Flüssigkeitsdrucke wirken, so herrscht dort ein durch Dehnungsmessungen erfaßbarer zweiachsiger Spannungszustand, *in der Wandung* aber infolge der Querdehnung stets ein dreiachsiger *Verformungszustand*, der unter bestimmten Bedingungen größere Spannungen als an der Oberfläche erzeugt.

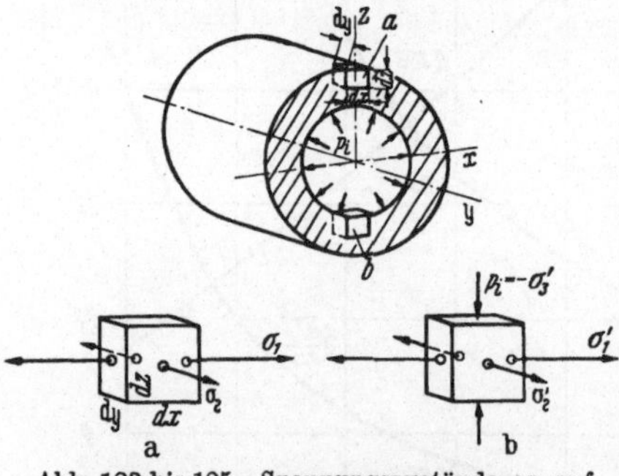

Abb. 123 bis 125. Spannungszustände an auf Innendruck beanspruchten Zylindern.

Sie können für das Fließen oder den Bruch entscheidend sein. An Flächen, an denen Flüssigkeitsdrucke oder äußere Kräfte wirken, was häufig auf der Gegenfläche zur Meßfläche an plattenförmigen und hohlen Körpern zutrifft, ist *sowohl der Spannungs- als auch der Verformungszustand dreiachsig.*

Die Verhältnisse seien anschaulich an einem durch inneren Druck beanspruchten Zylinder, Abb. 123, erläutert. Denkt man sich an seiner Außen- und seiner Innenfläche je einen kleinen Quader a und b von den Seitenlängen dx, dy, dz parallel zu den Hauptachsen herausgeschnitten, so erhält man die in Abb. 124 und 125 wiedergegebenen Spannungszustände. a unterliegt einem zweiachsigen Zustande, durch σ_1 und $\sigma_2 = \sigma_1/2$ in Richtung der X- und Y-Achse, der aber als dreiachsig mit $\sigma_3 = 0$ aufgefaßt werden kann und daher in dem anschließen-.

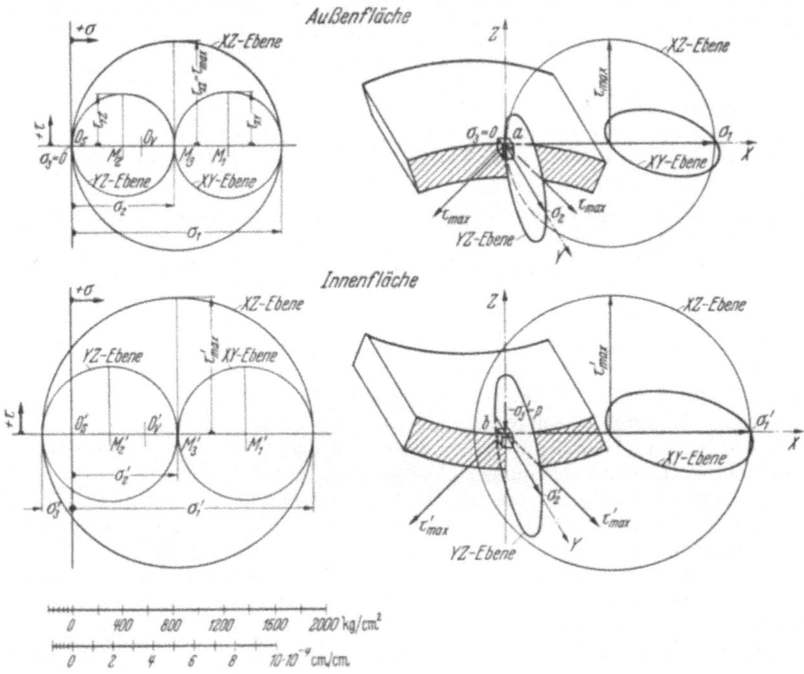

Abb. 126 bis 129. Spannungszustände an der Außen- und Innenfläche eines Zylinders unter innerem Druck. Beispiel 23.

den Zahlenbeispiel 23 durch die drei Kreise der Abb. 126 gekennzeichnet ist, die in der perspektivischen Darstellung, Abb. 127, in den zugehörigen Ebenen eingetragen sind. Man erkennt, daß auf der Außenfläche, d. i. in der XY-Ebene, die Hauptspannungen σ_1 und σ_2 und eine größte Schubspannung $\tau_{xy} = (\sigma_1 - \sigma_2)/2$ herrschen, daß die YZ-Ebene durch σ_2 und $\tau_{yz} = \sigma_2/2$, das zahlenmäßig gleich τ_{xy} ist, beansprucht wird, daß dagegen in der XZ-Ebene, nämlich *in* der Wandung, die doppelt so hohe Schubspannung $\tau_{xz} = \tau_{\max} = \sigma_1/2$ *zusammen mit einer Normalspannung* $O_s M_3 = \sigma_1/2$ wirkt.

Für den Quader b an der Innenfläche des Zylinders gilt der dreiachsige Spannungszustand, Abb. 128 und 129. Durch die Druckspannung $-\sigma_3' = p$ werden die Hauptspannung σ_1', aber auch die Schubspannungen in allen drei Ebenen erhöht. Ihren Größtwert erreicht die letztere in der XZ-Ebene, also gleichfalls *in* der Wandung, so daß von dort das Fließen oder der Bruch z. B. an Stahlflaschen ausgehen muß, wenn die Formänderungen durch Gleitvorgänge entstehen.

Beispiel 23. An einer Gasflasche von 200 mm lichtem Durchmesser und 14 mm Wandstärke für $p_i = 250$ kg/cm² Druck sind die Hauptspannungen Umfangs- und Axialspannungen σ_t und σ_a. Bezeichnet r_i den Innen-, r_a den Außenhalbmesser der Wandung in cm, so wird die Außenfläche durch

$$\sigma_{ta} = \sigma_1 = 2 \cdot \frac{p_i r_i^2}{r_a^2 - r_i^2} = 2 \cdot \frac{250 \cdot 10^2}{11{,}4^2 - 10^2} = 1666 \text{ kg/cm}^2,$$

die Innenfläche durch

$$\sigma_{ti} = \sigma_1' = p_i \frac{r_i^2 + r_a^2}{r_a^2 - r_i^2} = 250 \frac{10^2 + 11{,}4^2}{11{,}4^2 - 10^2} = 1916 \text{ kg/cm}^2$$

in tangentialer Richtung und die gesamte Wandung in axialer Richtung durch

$$\sigma_a = \sigma_2 = \sigma_2' = p_i \frac{r_i^2}{r_a^2 - r_i^2} = 250 \frac{10^2}{11{,}4^2 - 10^2} = 833 \text{ kg/cm}^2$$

beansprucht.

An der Außenfläche wirken somit die Hauptspannungen $\sigma_1 = 1666$, $\sigma_2 = 833$, $\sigma_3 = 0$ kg/cm², an der Innenfläche $\sigma_1' = 1916$, $\sigma_2' = 833$, $\sigma_3' = -250$ kg/cm², die den Spannungskreisen in Abb. 126 und 128 im Maßstab 1 cm = 600 kg/cm² entsprechen. Die größte Schubspannung an der Außenwand τ_{max} erreicht $\sigma_1/2 = 833$ kg/cm², wirkt unter 45° gegenüber σ_1 in der XZ-Ebene mit einer Normalspannung $O_s M_3$ von zahlenmäßig gleicher Höhe zusammen.

An der Innenfläche steigt die Schubspannung auf $\tau_{max}' = (\sigma_1' - \sigma_3')/2 = (1916 + 250)/2 = 1083$ kg/cm². Sie tritt in der XZ-Ebene gleichzeitig mit der Normalspannung $O_s' M_3' = 833$ kg/cm², und zwar unter 45° Neigung zu σ_1' auf.

Die Verformungszustände sind in den Abb. 126 und 128 durch die Bezugspunkte O_v und O_v' gegeben, deren Lage durch die Beziehungen der Aufstellung 4 bestimmt ist.

Quader a an der Außenfläche der Flasche. Es ist

$$O_s M = \frac{\sigma_1 + \sigma_2 + \sigma_3}{3} = \frac{1666 + 833 + 0}{3} = 833 \text{ kg/cm}^2,$$

so daß M mit M_3 zusammenfällt.

$$M O_v = \frac{1 - 2\mu}{1 + \mu} M O_s = 0{,}308 \cdot 833 = 256{,}5 \text{ kg/cm}^2,$$

das sind 0,43 cm.

Quader b an der Innenfläche der Flasche.

$$O_s' M' = \frac{\sigma_1' + \sigma_2' + \sigma_3'}{3} = \frac{1916 + 833 - 250}{3} = 833 \text{ kg/cm}^2,$$

$$M' O_v' = \frac{1 - 2\mu}{1 + \mu} M' O_s' = 0{,}308 \cdot 833 = 256{,}5 \text{ kg/cm}^2.$$

Sowohl der Punkt M' als auch der Bezugspunkt O_s liegen also an den gleichen Stellen wie im Fall des Quaders a.

Verformungsmaßstab:

$$m_v = \frac{\beta}{2}\, m_s = \frac{600}{2 \cdot 808000} = 3{,}72 \cdot 10^{-4} \text{ je cm}$$

oder $1 \cdot 10^{-4} = 0{,}27$ cm.

Hauptdehnungen am Quader a:

$$\varepsilon_1 = 6{,}74 \cdot 10^{-4}, \quad \varepsilon_2 = 1{,}58 \cdot 10^{-4}, \quad \varepsilon_3 = -3{,}57 \cdot 10^{-4};$$

am Quader b:

$$\varepsilon_1' = 8{,}30 \cdot 10^{-4}, \quad \varepsilon_2' = 1{,}58 \cdot 10^{-4}, \quad \varepsilon_3' = -5{,}12 \cdot 10^{-4}.$$

Daß die größten Schubspannungen im Zusammenwirken mit den zugehörigen Normalspannungen vielfach für die Fließ- und Bruchvorgänge maßgebend sind, zeigen die Erscheinungen bei statischen Versuchen an zähen Werkstoffen, wie geglühtem Stahl. An ihnen entstehen die bleibenden Formänderungen nach dem Überschreiten der Fließgrenzen nicht durch einfaches Recken der Fasern in der Kraftrichtung, sondern durch Abgleiten einzelner Teilchen oder ganzer Schichten aneinander unter etwa 45°. Denn ein würfelförmiges Element b, Abb. 27, das unter 45° zur Kraftrichtung liegt, verformt sich bei der Belastung zu einem Parallelepiped. Ist nun die Widerstandsfähigkeit des Werkstoffes gegenüber den an diesem Element herrschenden Schub- und Normalspannungen geringer als gegenüber der Normalspannung σ_1 am Element a, so entstehen bleibende Formänderungen durch das erwähnte Abgleiten unter rd. 45°. Das prägt sich meist durch den Verlauf der Fließlinien auf der Außenfläche von Körpern beim Überschreiten der Fließgrenze aus. Aber auch im Innern eines schwachkegeligen Probestabes runden Querschnitts lassen sich die „Fließkegel" a und b, Abb. 130, durch Ätzen des Mittelschnitts leicht sichtbar machen, wenn der Stab so hoch belastet wird, daß das Fließen noch nicht seine ganze Länge erfaßt hat. Die Kegel begrenzen den Fließbereich.

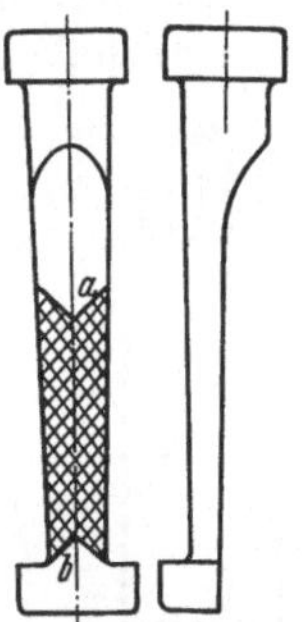

Abb. 130. Fließkegel an einem Zugstab.

b) Einachsiger Spannungszustand.

Der einachsige Spannungszustand, dem ein Stab bei Beanspruchung auf Zug unterliegt, ist durch den Kreis über der Spannung σ_1, Abb. 131, dargestellt. Er kann auch als dreiachsig mit $\sigma_2 = \sigma_3 = 0$ aufgefaßt werden. Läßt man nämlich in Abb. 132 die X-Achse mit der Stabachse zusammenfallen, so sind die Spannungen sowohl in der XY- als auch in der XZ-Ebene, aber auch in allen anderen durch die Stabachse gehenden Ebenen durch Kreise über σ_1 gekennzeichnet, während der Kreis in der YZ-Ebene in den Punkt O_s zusammenschrumpft, so daß $\sigma_2 = \sigma_3 = 0$ ist. In jeder durch die Stabachse gehenden Ebene wirkt nun $\tau_{max} = MN = \sigma_1/2$ mit einer Normalspannung $O_s M = \sigma_1/2$ unter 45°

Rötscher-Jaschke, Dehnungsmessungen.   6

zur Achse zusammen, so daß das Gleiten auf einem Kegel stattfinden muß, wenn der Werkstoff gleichmäßig und fehlerfrei ist. Aber auch

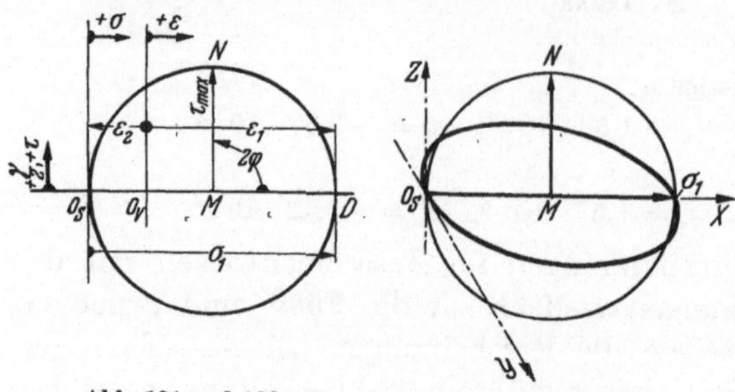

die größeren Verformungen bei höheren Belastungen über der Fließgrenze entstehen durch Gleitvorgänge gleicher Art und können zu den reinen Gleitbrüchen, Abb. 134 an Rund-, Abb. 135 an Flachstäben oder Abb. 133 an dünnen Blechen führen.

Abb. 131 und 132. Einachsiger Spannungszustand.

Der häufig auftretende Mischbruch, Abb. 136, der im mittleren Teil Trennbruch zeigt, entsteht dadurch, daß sich die Verformung beim

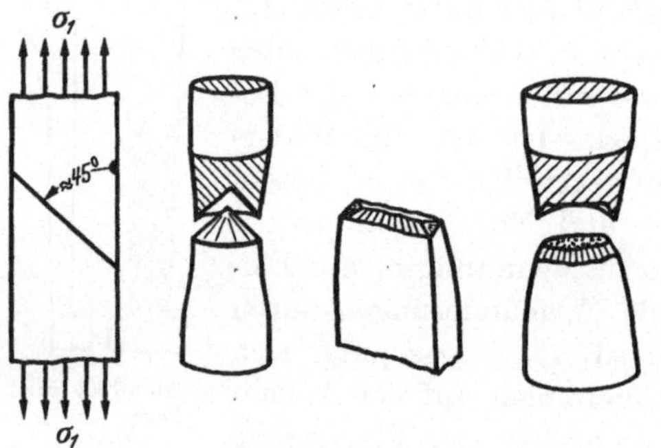

Abb. 133 bis 136. Brüche an Zugstäben.

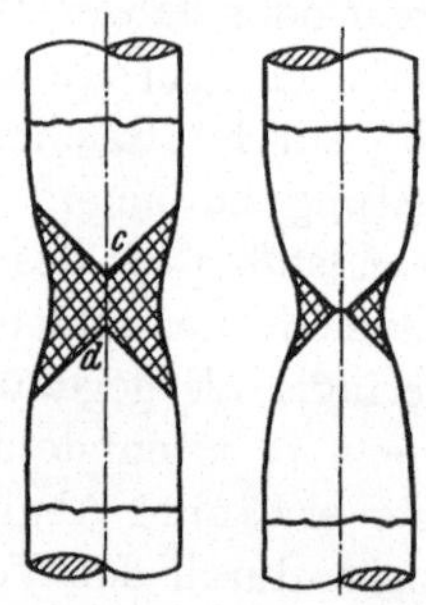

Abb. 137 und 138. Fließkegel im Einschnürgebiet.

Einschnüren nicht mehr auf den ganzen Stab erstreckt, sondern auf das Gebiet zwischen den Fließkegeln c und d, Abb. 137, beschränkt,

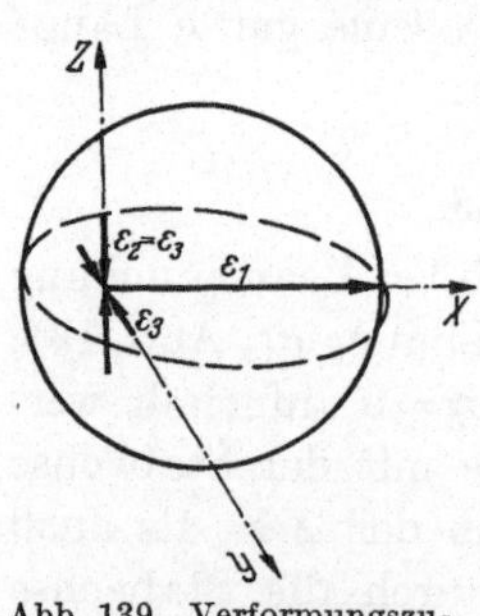

Abb. 139. Verformungszustand bei einachsiger Beanspruchung.

während die außerhalb liegenden stärkeren Stabteile unverändert bleiben. Das Fließgebiet wird mit zunehmender Einschnürung immer kleiner, bis sich schließlich die Kegelspitzen berühren und ineinander eindringen, Abb. 138. Dann wird jedoch das Nachfließen des Werkstoffes zur Stabachse unmöglich und infolgedessen der Bruch durch Normalspannungen als Trennbruch eingeleitet, während sich der kegelige Rand wieder durch Abgleiten bilden kann. Der Bruch beginnt also bei fehlerfreiem Werkstoff in der Stabachse und klafft deshalb dort am stärksten.

Im Gegensatz zu Stahl sind spröde Stoffe, wie Gußeisen, gegenüber reinen *Normal*spannungen empfindlicher und unterliegen deshalb Trennbrüchen. Das gilt sowohl bei Zugversuchen als auch bei Drehversuchen, die an Rundstäben zu schraubenförmigem Verlauf des Bruches unter etwa 45° Steigungswinkel, d. h. senkrecht zur Zugspannung σ_1 nach Abb. 54 führen.

Dauerbrüche sind stets Trennbrüche. Sie setzen senkrecht zur größten auftretenden Normalspannung an.

Für die Verformungen gilt im Falle von Stahl der Bezugspunkt O_v in Abb. 131. Der Zustand ist dreiachsig, indem nach Abb. 139 in der YZ-Ebene eine nach allen Richtungen gleich große Querdehnung $\varepsilon_2 = \varepsilon_3 = -\mu\varepsilon_1$ entsteht.

c) Zweiachsiger Spannungszustand.

Der zweiachsige Spannungszustand, der an Oberflächen herrscht, an denen keine äußeren Kräfte angreifen, ist mit σ_1 und σ_2 als Hauptspannungen durch den ausgezogenen Kreis über $\sigma_1 - \sigma_2$ in Abb. 140 gekennzeichnet, wenn beide Spannungen positiv sind. Wird die Oberfläche als XY-Ebene eines rechtwinkligen räumlichen Koordinaten-

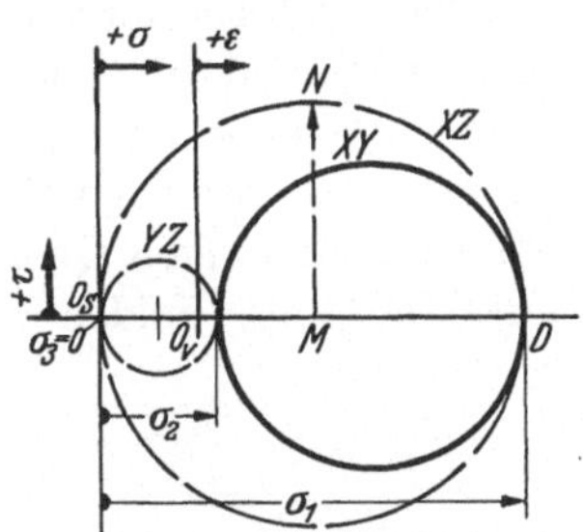

Abb. 140. Zweiachsiger Spannungszustand bei $+\sigma_1$ und $+\sigma_2$.

systems angesehen, so ist der Zustand bei der Ermittlung der Spannungen *in* der Wandung als dreiachsig mit $\sigma_3 = 0$ aufzufassen und deshalb die Darstellung durch die gestrichelten Kreise über $\sigma_1 - \sigma_3$ und $\sigma_2 - \sigma_3$ zu ergänzen, die für die Spannungen in der XZ- und YZ-Ebene gelten. Die größten Beanspruchungen treten entsprechend den Punkten D oder N auf dem Umfang des größten Kreises in der XZ-Ebene auf, die senkrecht zur Oberfläche in Richtung der größeren Hauptspannung σ_1 liegt, wie das näher in Beispiel 23 für den Sonderfall $\sigma_2 = \sigma_1/2$ am Quader a, Abb. 127, gezeigt wurde. Die größte auftretende Schubspannung $\tau_{\max} = MN = \sigma_1/2$ wirkt zusammen mit einer gleich hohen Normalspannung $O_s M$

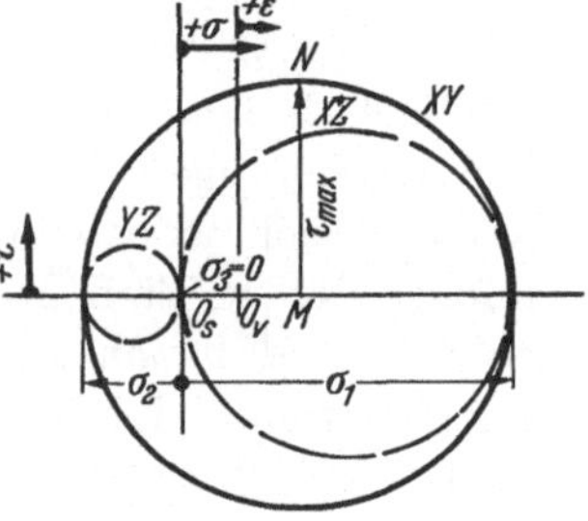

Abb. 141. Zweiachsiger Spannungszustand bei $+\sigma_1$ und $-\sigma_2$.

in Ebenen unter 45° zu σ_1, die die Oberfläche in Linien senkrecht zu σ_1, also längs oder parallel zur Y-Achse schneiden. Dementsprechend sind Fließlinien und Brüche stets *senkrecht* zur größeren Hauptspannung σ_1 zu erwarten, auch wenn sie die Folge von Schubspannungen in der Wandung sind. Solche Linien oder das Reißlackverfahren geben also in dem Falle einen Anhalt für die Richtung der Hauptspannungen, deren größere senkrecht zu den erwähnten Linien liegt.

Ist dagegen σ_2 negativ, Abb. 141, so liegen die gestrichelten Ergänzungskreise *innerhalb* des ausgezogenen; mithin treten die größten Beanspruchungen *auf der Oberfläche* des Körpers auf, wobei eine Schubspannung $\tau_{max} = MN = (\sigma_1 - \sigma_2)/2$ mit einer Normalspannung $O_s M = (\sigma_1 + \sigma_2)/2$ gepaart ist, wenn σ_2 unter Beachtung seines Vorzeichens eingesetzt wird. Die Fließlinien bilden sich in dem Falle *unter 45°* zu den Hauptspannungen aus, ähnlich, wie an auf Zug beanspruchten Stäben, während das Reißlackverfahren zufolge der Sprödigkeit des Überzugs Linien senkrecht zu σ_1 liefert.

Der Verformungszustand ist dreiachsig; die zugehörigen Bezugspunkte O_v sind für Stahl in Abb. 140 und 141 eingetragen.

Bei Beanspruchungen durch reine Schubspannungen, z. B. bei Belastung eines weichen Flußstahlstabes rechteckigen Querschnitts auf Drehung, bilden sich im

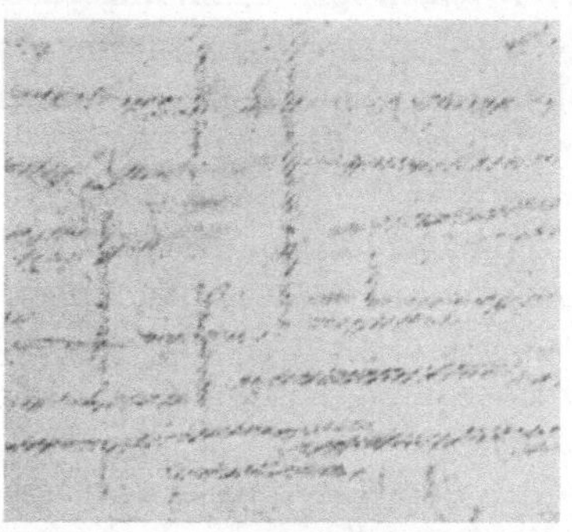

Abb. 142 und 143. Reißlacklinien an einem auf Drehung beanspruchten Stabe rechteckigen Querschnitts.

Reißlack Linien, Abb. 142, aus, die in den Ebenen der größten Schubspannungen liegen. Bei genügender Vergrößerung, Abb. 143, lösen sie sich jedoch in kurze, unter 45° liegende Risse im Lack auf, infolge der größten Normalspannungen. Die Erscheinung ist dahin zu deuten, daß sich die Formänderungen im Stahl beim Überschreiten der Gleitgrenze durch Schiebungen ausbilden, daß dagegen der spröde Lack durch Normalspannungen reißt.

d) Dreiachsiger Spannungszustand.

Es sei nur der für Dehnungsmessungen allein wichtige Fall behandelt, daß die äußeren Kräfte *senkrecht* zur Oberfläche wirken, Schubkräfte also fehlen oder vernachlässigt werden können. Diese Bedingung ist erfüllt, wenn an der Oberfläche gleichmäßig verteilter Flüssigkeits- oder Gasdruck oder Flächendrucke infolge Stützkräften herrschen, die senkrecht zur Oberfläche wirken. Ist der spezifische Druck p in kg/cm² gegeben, so ist $\sigma_3 = -p$ senkrecht zur Oberfläche, also in Richtung der Z-Achse anzusetzen, wenn die X- und die Y-Achse des Koordinatensystems auf der Oberfläche in Richtung der Hauptspannungen σ_1 und σ_2

liegen. Der Spannungskreis für die Oberfläche, das ist die XY-Ebene, Abb. 144 und 145, in denen zwei verschiedene Zustände ($\sigma_2 > 0$ und $\sigma_2 < 0$) dargestellt sind, geht durch die Endpunkte von σ_1 und σ_2, derjenige der XZ-Ebene durch die Endpunkte von σ_1 und σ_3, der für die YZ-Ebene durch die Endpunkte von σ_2 und σ_3. Vgl. hierzu Abb. 129. In welcher Ebene die größten Beanspruchungen auftreten, läßt der größte der drei Kreise erkennen.

Von den Fließ- und Brucherscheinungen gilt sinngemäß das unter c) Gesagte. Als Beispiel sei auf die Bildung der oft messerscharfen Granat-

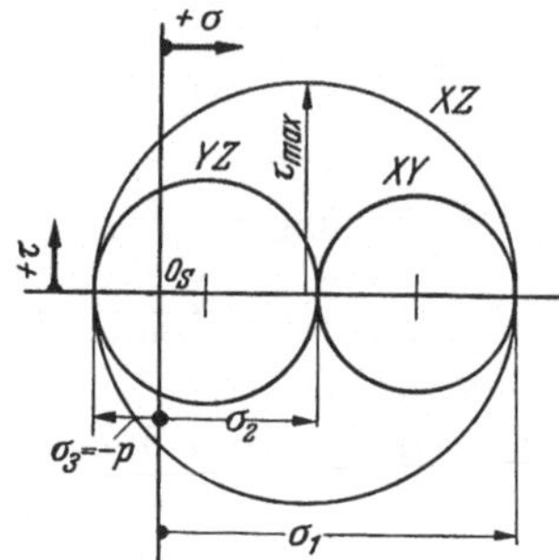

Abb. 144. Dreiachsiger Spannungszustand bei $+\sigma_1$, σ_2 und $-\sigma_3 = p$.

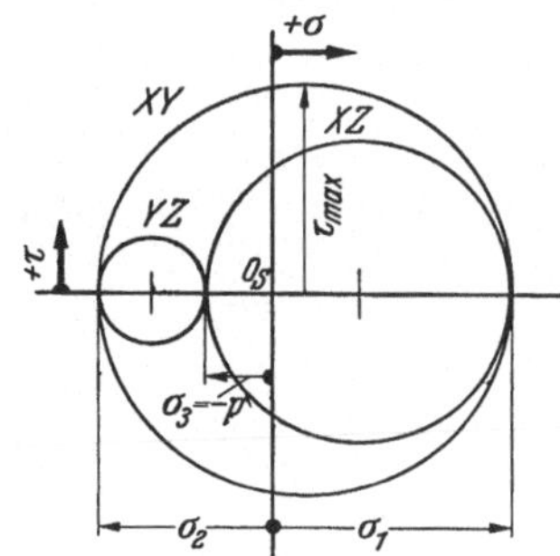

Abb. 145. Dreiachsiger Spannungszustand bei $+\sigma_1$, $-\sigma_2$ und $-\sigma_3 = p$.

splitter hingewiesen, Abb. 146, die durch die Schubspannungen in Ebenen unter rd. 45° zur Oberfläche parallel zur Geschoßachse infolge des Gasdruckes im Innern des Geschosses entstehen.

Zusammenfassend läßt die Darstellung durch die drei Kreise die folgenden allgemeinen Schlüsse zu:

1. Die größten Beanspruchungen sind durch die Umfangspunkte des größten der drei Kreise gegeben.

2. Dieser Kreis ist durch die Differenz der größten und der kleinsten Hauptspannung — unter Beachtung ihrer Vorzeichen — bestimmt. Wirken diese beiden Spannungen längs der

Abb. 146. Splitterbildung bei Granaten.

Außenfläche, so tritt die größte Beanspruchung *dort*, andernfalls aber *in* der Wandung auf.

Je nach dem Werkstoff und der Art des Betriebes können also entweder die größten Schubspannungen zusammen mit den zugehörigen Normalspannungen oder die größten Normalspannungen allein für das Fließen oder den Bruch und damit für die Sicherheit entscheidend sein. Da alle diese Spannungen Punkten des größten Spannungskreises entsprechen, ist dessen Ermittlung und Benutzung für den Konstrukteur besonders wertvoll.

M. Ermittlung des räumlichen Beanspruchungszustandes aus den gemessenen Dehnungen.

a) Die Spannung σ_3 senkrecht zur Fläche ist Null.

ε_1 und ε_2 seien die durch Messungen ermittelten Hauptdehnungen auf dieser Fläche. Mit ihnen kann der in Abb. 147 stark ausgezogene Verformungskreis der XY-Ebene über AB aufgezeichnet werden. Die Dehnung ε_3 senkrecht zur Meßfläche errechnet sich aus (124) mit $\sigma_3 = 0$ zu

$$\varepsilon_3 = -\mu\alpha(\sigma_1 + \sigma_2).$$

Drückt man $\sigma_1 + \sigma_2$ nach (34) durch die Dehnungen ε_1 und ε_2 aus, so wird

$$(135) \qquad \boxed{\varepsilon_3 = -\frac{\mu}{1 - \mu}(\varepsilon_1 + \varepsilon_2)},$$

wobei $\mu/(1 - \mu)$ Spalte 8 der Zahlentafel 1 entnommen werden kann.

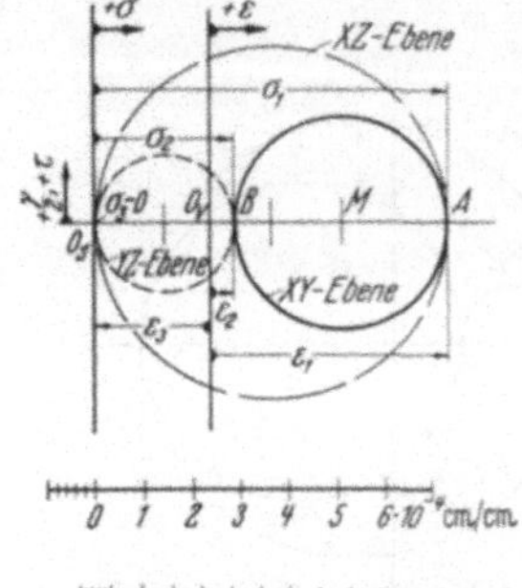

Trägt man ε_3 von O_v unter Beachtung seines Vorzeichens auf, so ergeben sich die gestrichelten Verformungskreise über $\varepsilon_1 - \varepsilon_3$ für die XZ-Ebene und über $\varepsilon_2 - \varepsilon_3$ für die YZ-Ebene.

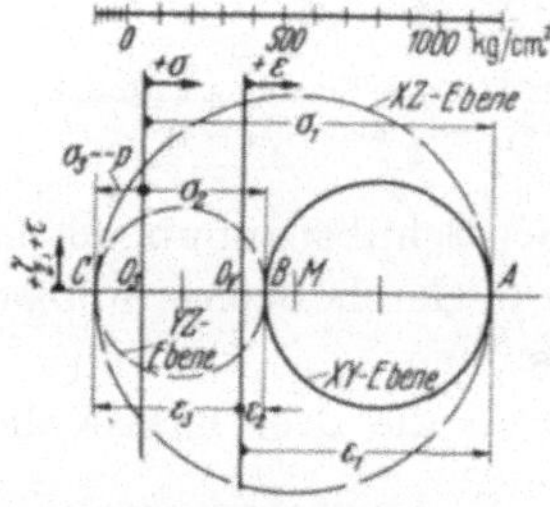

Der Endpunkt von ε_3 ist gleichzeitig der Bezugspunkt O_s für die Spannungen, so daß O_sA die eine Hauptspannung σ_1 und O_sB die andere σ_2 unter Beachtung des Spannungsmaßstabes darstellen. Das Lot in O_s auf der Abszissenachse tangiert den Kreis über σ_1 und bestätigt damit, daß es sich um einen zweiachsigen Spannungszustand handelt.

Abb. 147 und 148. Zur Ermittlung des räumlichen Beanspruchungszustandes aus gemessenen Dehnungen. Beispiel 24 und 25.

Das ist am einfachsten indirekt zu beweisen. Nach Zeichnung ist

$$MO_s = MO_v + O_vO_s = \frac{\varepsilon_1 + \varepsilon_2}{2} - \varepsilon_3 = \frac{\varepsilon_1 + \varepsilon_2}{2} + \frac{\mu}{1 - \mu}(\varepsilon_1 + \varepsilon_2)$$

$$= \frac{1 + \mu}{1 - \mu} \cdot \frac{\varepsilon_1 + \varepsilon_2}{2},$$

entspricht somit der Beziehung (36), so daß tatsächlich der Endpunkt von ε_3 der Bezugspunkt O_s ist.

Beispiel 24. In Abb. 147 sind $\varepsilon_1 = 5,0 \cdot 10^{-4}$ und $\varepsilon_2 = 0,5 \cdot 10^{-4}$ die gemessenen Dehnungen. Damit ist der ausgezogene Verformungskreis im Maßstab $1 \text{ cm} = 3 \cdot 10^{-4}$ gegeben. Die dritte Hauptdehnung wird

$$\varepsilon_3 = -\frac{\mu}{1 - \mu}(\varepsilon_1 + \varepsilon_2) = -0,428\,(5 + 0,5) \cdot 10^{-4} = -2,36 \cdot 10^{-4}.$$

Sie führt zu den gestrichelten Verformungskreisen und dem Bezugspunkt O_s, während die Spannungen im Maßstabe

$$m_s = \frac{2}{\beta}\, m_v = 2 \cdot 808000 \cdot 3 \cdot 10^{-4} = 485\ \text{kg/cm}^2\ \text{je cm}$$

oder $100\ \text{kg/cm}^2 = 0{,}206$ cm abzulesen sind.

Ergebnis: $\sigma_1 = 1190$, $\sigma_2 = 460$, $\sigma_3 = 0\ \text{kg/cm}^2$.

b) Senkrecht zur Fläche wirkt $-\sigma_3 = p$.

Steht ein Gefäß unter innerem Druck p, so entsteht auf der Außen-(Meß-) Fläche ein zweiachsiger, an der *inneren* ein dreiachsiger Spannungszustand. Herrscht dagegen im Gefäß Unterdruck, so muß der dreiachsige Zustand an der *Außenfläche* mit $-\sigma_3 = p$ als Überdruck angesetzt werden. Da jedoch der Unterdruck, der höchstens $1\ \text{kg/cm}^2$ betragen kann, gegenüber den Wandungsspannungen vernachlässigt werden darf, $(\sigma_3 \approx 0)$, läßt sich dieser Fall nach a) behandeln.

Die Hauptdehnungen auf der mit p belasteten Fläche seien mit ε_1 und ε_2, die entsprechenden Hauptspannungen mit σ_1 und σ_2 bezeichnet. Dann wird die dritte Hauptdehnung durch die Wirkung von $\sigma_3 = -p$ nach (124) vergrößert auf

$$\varepsilon_3 = \alpha[\sigma_3 - \mu(\sigma_1 + \sigma_2)] = \alpha[-p - \mu(\sigma_1 + \sigma_2)].$$

Drückt man $\sigma_1 + \sigma_2$ nach Formel (125) durch $\sigma_3 = -p$ und die drei Hauptdehnungen aus, so ergibt sich nach einigen Umformungen

$$(136) \qquad \boxed{\varepsilon_3 = -\frac{1+\mu}{1-\mu}(1 - 2\mu)\,\alpha\,p - \frac{\mu}{1-\mu}\,(\varepsilon_1 + \varepsilon_2)}.$$

ε_3 läßt sich mithin aus p und den auf Grund der Messungen ermittelten Hauptdehnungen ε_1 und ε_2 berechnen und zusammen mit den letzteren zum Aufzeichnen der drei Verformungskreise und zur Ermittlung der Lage des Bezugspunktes O_s für die Hauptspannungen oder zur Berechnung der letzteren nach den Beziehungen (125) benutzen. Die Richtigkeit der Ermittlung kann daran nachgeprüft werden, daß die Hauptspannung $\sigma_3 = -p$ sein muß.

Beispiel 25. Bei $\varepsilon_1 = 5{,}0 \cdot 10^{-4}$, $\varepsilon_2 = 0{,}5 \cdot 10^{-4}$, wie in Beispiel 24, und $-\sigma_3 = p = 150$ at Druck wird die dritte Hauptdehnung:

$$\varepsilon_3 = -\frac{1{,}857\,(1 - 2 \cdot 0{,}3) \cdot 150}{2\,100\,000} - 0{,}428\,(5 + 0{,}5) \cdot 10^{-4} = -2{,}89 \cdot 10^{-4}.$$

Sie führt zu Abb. 148. Wegen des dreiachsigen Spannungszustandes ist zunächst der Punkt M aus (132)

$$O_v M = \frac{\varepsilon_1 + \varepsilon_2 + \varepsilon_3}{3} = \frac{5 + 0{,}5 - 2{,}89}{3} \cdot 10^{-4} = 0{,}87 \cdot 10^{-4}$$

zu ermitteln und von ihm aus nach (134)

$$M O_s = \frac{1+\mu}{1-2\mu}\, M O_v = 3{,}25 \cdot 0{,}87 \cdot 10^{-4} = 2{,}83 \cdot 10^{-4}$$

nach links einzutragen.

Spannungsmaßstab:

$$m_s = \frac{2}{\beta} \cdot m_v = 2 \cdot 808\,000 \cdot 3 \cdot 10^{-4} = 485 \text{ kg/cm}^2$$

oder 100 kg/cm² = 0,206 cm.

O_s liegt innerhalb zweier Kreise, derart, daß O_sC im Spannungsmaßstab gemessen, $-\sigma_3 = 150$ kg/cm² ergibt, was die Richtigkeit der Ermittlung bestätigt.

Ergebnis: $\sigma_1 = 1120$, $\sigma_2 = 400$, $\sigma_3 = -150$ kg/cm².

N. Ermittlung der Dehnungen im Innern von Wandungen und an der Gegenfläche zur Meßstelle.

An Hohlkörpern, Deckeln, Platten, Rahmen und anderen Konstruktionsteilen ist vielfach nur die eine Fläche, meist die äußere, den Dehnungsmessungen zugänglich. An ebenen und stetig gekrümmten Stellen

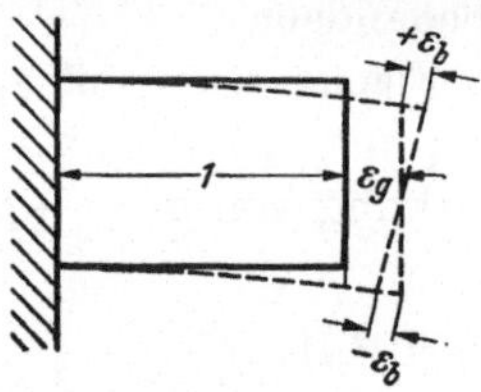

Abb. 149. Dehnungsverteilung in einer Wandung.

kann man nun in der Wandung geradlinige Verteilung der Dehnungen annehmen, die sich in der Regel aus einer gleichmäßigen Grunddehnung ε_g, Abb. 149, als Folge einer Beanspruchung auf Zug oder Druck und einer überlagerten Biegedehnung, $\pm \varepsilon_b$, einem überschlagenen Dreieck entsprechend, zusammensetzen. Abweichungen von der geraden Linie sind nur an Stellen, wo große Querkräfte wirken, oder Stellen unstetiger Krümmung, also an schroffen Querschnittübergängen, an den Ansatzstellen von Rippen und anderen Wandungsteilen und am Grunde von Kerben zu erwarten. Die Biegedehnungen rufen eine Änderung der Krümmung der Oberfläche und damit der Neigung zweier Stifte, T_1

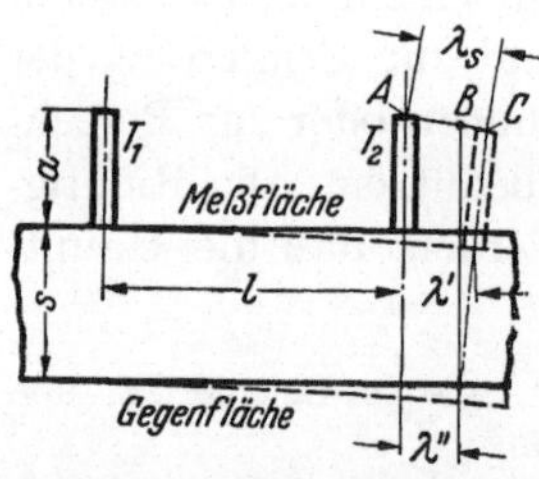

Abb. 150. Zur Ermittlung der Dehnungen an der Gegenfläche.

und T_2, Abb. 150, hervor, die im Abstande l voneinander an der Meßstelle aufgelötet oder aufgeschweißt sind. Dadurch wird die Bestimmung der Dehnungen im Innern der Wandung, also auch an der Gegenfläche möglich.

Den Beweis, daß die Dehnungen selbst an stark, aber stetig gekrümmten Stellen nach einer geraden Linie verlaufen, hat K. Böttcher durch Untersuchungen an einem hakenförmigen Körper [16] erbracht. Er zeigte, daß Größe und Verteilung der Spannungen nach der Grashofschen Formel für gekrümmte Balken an der am höchsten beanspruchten Stelle, die 99 mm, also recht breit war, mit den Versuchswerten sehr gut übereinstimmen. Die Formel geht aber von der *Annahme* des Ebenbleibens der Querschnitte aus, die somit zutreffend sein muß. Auch bei mehrachsigem Spannungszustande darf geradlinige Verteilung der Dehnungen angenommen werden, da sich die Verformungen algebraisch addieren.

Die Stifte können auf Stahl, Stahlguß, Bronze und Messing nach Blankmachen der Stelle mit Weichlot befestigt werden. Auf Gußeisen macht das unmittelbare Auflöten Schwierigkeiten, die sich überwinden lassen dadurch, daß zunächst eine dünne Kupferschicht durch ganz kurzes Berühren der Fläche mit einer Kupferelektrode aufgeschweißt wird. Auf dem Kupfer lassen sich dann die Messingstifte leicht auflöten. Sorgfältig ist darauf zu achten, daß die Stifte genau mittig über den Endpunkten der Meßstrecke und senkrecht zur Meßfläche stehen und daß sie festsitzen. Lose Stifte führen trotz der geringen Kräfte, die zum Anpressen und zur Betätigung der Dehnungsmesser nötig sind, stets zu Fehlmessungen. Die Länge der Stifte nimmt man, wenn in der Wandung nur mäßige Biegespannungen zu erwarten sind, groß, bei hoher Beanspruchung klein. So wurden an einem gewölbten Deckel von 667 mm Wölbungshalbmesser im mittleren Teil 20 mm lange, weiterhin 15 mm und in der Kehle an der Ansatzstelle des Flansches 10 mm lange Stifte benutzt.

a) Ermittlung der Dehnungen mittels Tensometern oder Spiegelgeräten.

Bei Dehnungsmessungen, die einmal auf der Grundstrecke l, das andere Mal auf den Köpfen der Stifte T_1 und T_2, Abb. 151, ausgeführt werden, schlagen die Messer verschieden stark aus, Abb. 150. Aus der Länge a der Stifte sowie den Ausschlägen λ' und λ_s kann man den Ausschlag λ'', den ein Dehnungsmesser auf der Gegenfläche der Wandung zeigen würde, und daraus die Dehnungen sowie die Beanspruchungen in der Wandung, insbesondere an den beiden Oberflächen, wie folgt berechnen.

An einer ebenen Wand ist bei der Wandstärke s

$$\lambda'' = AC - BC = \lambda_s - (\lambda' - \lambda'')\frac{a+s}{s}$$

(137)
$$\lambda'' = \frac{\lambda'(a+s) - \lambda_s s}{a}$$

und die Dehnung auf der Meßfläche

(138)
$$\varepsilon' = \lambda'/l \; ,$$

auf der Gegenfläche

(139)
$$\varepsilon'' = \frac{\lambda''}{l} = \frac{\lambda'(a+s) - \lambda_s s}{a\,l} \; .$$

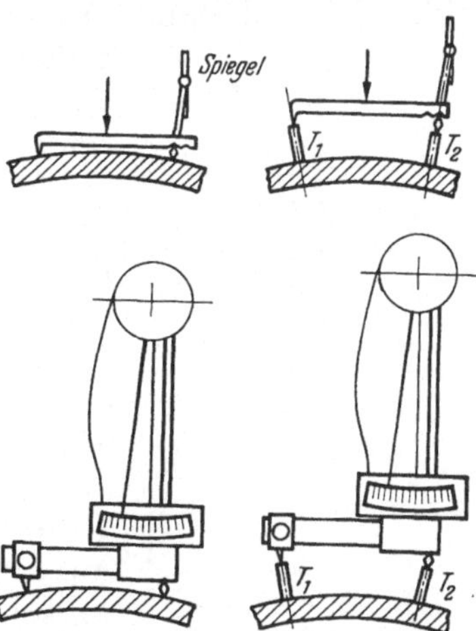

Abb. 151. Ermittlung der Dehnungen in einer Wandung.

An stark gekrümmten Flächen und in Kehlen ist die Krümmung zu berücksichtigen. Das Ausgangselement hat keilförmige Gestalt,

Abb. 152 und 153. Der Ausschlag λ'' errechnet sich nach Gleichung (137); die Dehnung ε'' wird jedoch durch die verschiedenen Längen der Fasern auf der hohlen und der erhabenen Seite beeinflußt. Bei einem Krümmungshalbmesser ϱ auf der Meßfläche wird, falls die Messungen auf einer *hohlen* Fläche durchgeführt werden,

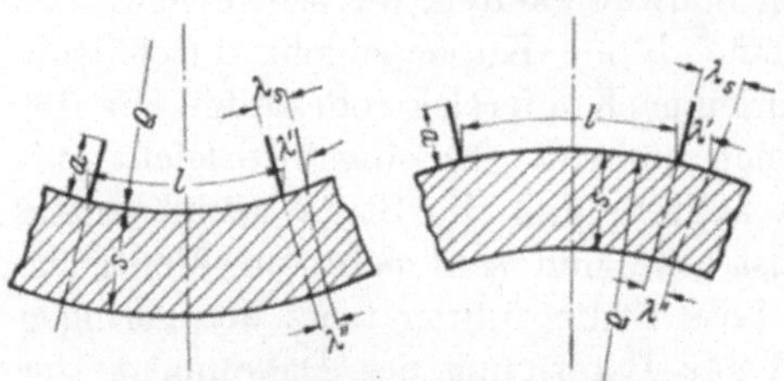

Abb. 152 und 153. Zur Ermittlung von Dehnungen in gekrümmten Wandungen.

$$\varepsilon' = \lambda'/l,$$

$$(140) \qquad \varepsilon'' = \frac{\lambda'(a+s) - \lambda_s s}{a\,l(\varrho+s)/\varrho}.$$

Wenn die Messungen auf einer *erhabenen* Fläche erfolgen, wird dagegen

$$(141) \qquad \varepsilon'' = \frac{\lambda'(a+s) - \lambda_s s}{a\,l(\varrho-s)/\varrho}.$$

b) Ermittlung der Dehnungen mittels des Huggenbergerschen Biegungs-Verzerrungsmessers.

Der in Abb. 154 dargestellte Biegungs-Verzerrungsmesser wird auf Stifte, die mittels einer besonderen Lehre in $l = 20$ mm Abstand senkrecht zur Oberfläche auf dem zu untersuchenden Körper befestigt sind, aufgesetzt. Die Säulen des Messers sind mit Stellschrauben auf den Stiften festgeklemmt; die rechte Säule trägt das Zeigerlager und die Teilung, die in der üblichen Weise mit Spiegelbelag zur Vermeidung von Ablesefehlern infolge von Parallaxe versehen ist. An der anderen sitzt ein Zapfen, der mittels einer Koppel den Zeiger ausschlagen läßt, wenn die Säulen sich neigen. Eine Feder verspannt Koppel und Zeiger gegenüber den Stützpunkten.

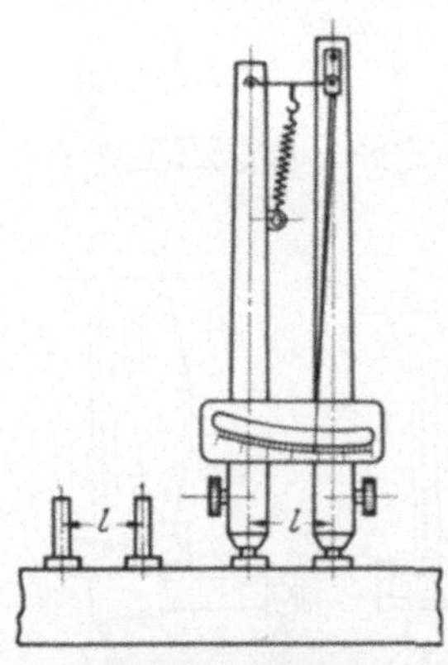

Abb. 154. Biegungs-verzerrungsmesser von Huggenberger.

Auch bei dem Verfahren sind zwei Messungen notwendig; die eine wird auf der Meßfläche längs der gleichen Strecke l mit einem Dehnungsmesser durchgeführt, die andere nach dem Aufsetzen der Stifte mittels des Biegungs-Verzerrungsmessers. Aus dem Zeigerausschlag lassen sich der Neigungswinkel γ, Abb. 155, und die Verlängerung der Meßstrecke auf der Gegenfläche und damit die dort herrschende Dehnung berechnen. Ein rechtflachiges Element von der Länge l und der Wandstärke s geht in die gestrichelte Form über. Auf der Meßfläche wird die Meßstrecke um λ', auf der Gegenfläche um λ'' verlängert. Die beiden Säulen schlagen um je $\gamma/2$ aus. Verfolgt man zunächst den Ausschlag der rechten Säule, so vergrößert sich $CD = \lambda'/2$ auf

$$EG = EH + HG = \frac{\lambda' - \lambda''}{2} \cdot \frac{s + c}{s} + \frac{\lambda''}{2},$$

wobei c die Strecke DE am Verzerrungsmesser ist. An der Skala 0 entsteht dadurch ein Zeigerausschlag $JK = EG\dfrac{NJ}{NE} = EG\,u_z$, wenn u_z das Übersetzungsverhältnis des Zeigers ist.

$$JK = \left(\frac{\lambda' - \lambda''}{2} \cdot \frac{s + c}{s} + \frac{\lambda''}{2}\right)u_z.$$

Dieser Ausschlag wird nun praktisch bei dem kleinen Winkel γ durch die Neigung, die die linke Säule h_2 erfährt, auf den doppelten Betrag

$$A_z = \left[(\lambda' - \lambda'')\frac{s + c}{s} + \lambda''\right]u_z$$

gebracht. Ist λ' durch Tensometermessung bekannt, so läßt sich aus λ' und A_z die Verlängerung

(142)
$$\lambda'' = \frac{\lambda'(s + c)\,u_z - A_z s}{c\,u_z}$$

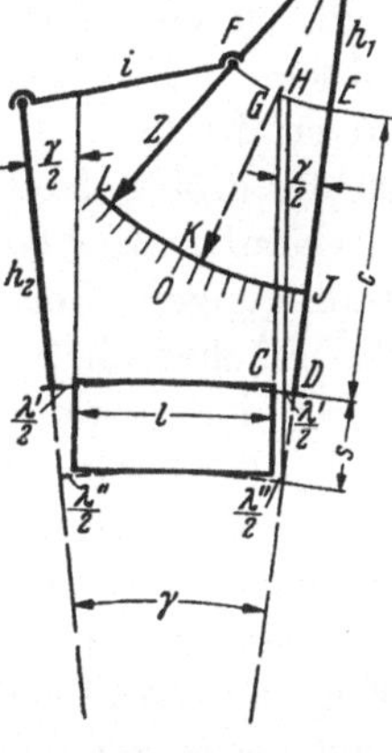

Abb. 155. Zum Biegungsverzerrungsmesser nach HUGGENBERGER.

berechnen und damit die Messung nach den Formeln (138) bis (141) weiter auswerten.

Der Fehler, der dadurch entsteht, daß die üblichen Dehnungsmesser im Falle von Abb. 152 und 153 nicht längs der gebogenen Oberfläche, sondern längs Sehnen arbeiten, macht sich erst fühlbar, wenn $\widehat{l}/\varrho = 0,485$ oder $\varrho \approx 2l$ ist. Aufstellung 5 gibt den Fehler f, bezogen auf die Meßlänge des Gerätes und bei verschiedenem Verhältnis l/ϱ nach

(143)
$$f = \left[\frac{a/2}{\sin a/2} - 1\right]100\%$$

an.

Aufstellung 5.

$\alpha = \widehat{l}/\varrho =$	0,175	0,262	0,349	0,436	0,485	0,524	0,698	0,873
$f =$	0,1	0,3	0,5	0,8	1,0	1,2	2,1	3,2%

0. Fehler und Störungen bei Dehnungsmessungen.

a) Allgemeines.

Jede Dehnungsmessung ist mit Fehlern behaftet. Sie können

1. im Werkstoff und Werkstück begründet sein, oder

2. durch Meßfehler infolge unrichtiger Bestimmung a) der Kräfte und b) der Formänderungen entstehen.

Wegen der Fehler kann der wahre Wert einer Dehnung nicht ermittelt werden. Man muß vielmehr versuchen, den *wahrscheinlichsten* Wert zu bestimmen, dem man um so näher kommt, je größer die Sorgfalt der Beobachtung und die Zahl der Messungen ist. Dabei läßt sich die Genauigkeit wesentlich erhöhen, wenn man neben den zur Ermittlung der Hauptdehnungen notwendigen zwei oder drei Messungen in verschiedenen Richtungen eine weitere ausführt und die Ergebnisse nach der *Methode der kleinsten Fehlerquadrate* ausgleicht.

In dem Falle, daß die Richtungen der Hauptdehnungen unbekannt sind, ist ein anderer Weg, zunächst drei Messungen nach Art der in Abschnitt H c besprochenen durchzuführen, die Lage der Hauptachsen zu ermitteln und nun die größere Hauptdehnung nachzuprüfen, weil so die größte Meßgenauigkeit verbürgt wird.

Häufig ergeben sich Nachprüfungen an Hand der Gleichgewichtsbedingungen. Beispielsweise müssen an gelochten Flachstäben, Abb. 171, die Flächeninhalte unter den Kurven der wirklichen Dehnungen und unter der mittleren ε_m gleich groß sein.

Grobe Fehler, wie unrichtiges Ablesen der Geräte oder falsches Auswerten der Ablesungen, müssen vermieden werden. Sie lassen sich durch Ausgleichrechnungen nicht ausmerzen, wohl aber im Einzelfalle bei Untersuchungen längs Linien und auf Flächen durch Auftragen der Ergebnisse an Unstetigkeiten der Kurven erkennen. Solche Messungen sind gesondert nachzuprüfen.

Zu 1. *Einfluß des Werkstoffes und des Werkstückes.* Wie einleitend bemerkt wurde, gelten die abgeleiteten Beziehungen nur für gleichförmige Werkstoffe mit bestimmten Werten für α, β und μ, die bekannt sein müssen. In der Beziehung ist zu betonen, daß die Meßstellen bearbeitet sein sollten, weil Zunder und Gußhaut andere Dehnzahlen haben als der Grundwerkstoff, abgesehen davon, daß ihre Unebenheiten den Sitz der Messer unsicher machen. Sehr störend können Änderungen der Wandstärke, Porosität oder Lunkerbildungen und Unregelmäßigkeiten der Krümmungsverhältnisse wirken. Den Einfluß der letzteren zeigt Abb. 156 an einem zylindrischen Rohr, Abb. 165, das zunächst bei dem vorgesehenen inneren Druck auf die Gleichmäßigkeit der Beanspruchungen hin untersucht wurde. Dadurch sollten die Ausschnitte, deren Wirkung auf die Spannungsverhältnisse festzustellen war, in einem Feld möglichst gleicher Spannung angebracht werden können. Nachweislich waren die Spannungsberge und -täler auf geringe Beulen in der Wandung zurückzuführen, die beim Walzen des Schusses entstanden, mit bloßem Auge aber überhaupt nicht zu erkennen waren.

Auch machen sich Absätze, Kehlen und Kerben im Werkstück nicht allein durch örtliche Spannungsstörungen, sondern oft weithin durch Spannungswellen geltend, vgl. Abb. 173 und 174.

Etwaigen Hysteresiserscheinungen an hochbelastetem Gußeisen begegnet man dadurch, daß man die Messungen nur bei steigender Belastung, nicht aber wahllos bei Be- oder Entlastungen des Versuchsstücks durchführt.

Manchmal können hohe Eigenspannungen störend wirken, wenn der Werkstoff des Versuchskörpers zum Fließen kommt. In solchem Falle ist es zweckmäßig, das Stück einige Male über den vorgesehenen Versuchsbereich hinaus zu belasten oder die Eigenspannungen durch Ausglühen zu beseitigen.

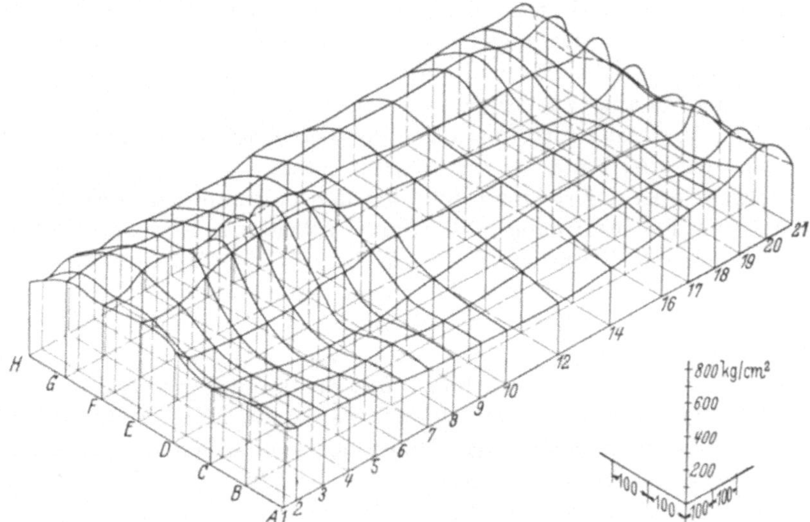

Abb. 156. Wirkung ungleichmäßiger Krümmung an einem zylindrischen Rohr auf die Spannungen. Oberfläche abgewickelt gezeichnet. Nach HENNES, Untersuchungen über die Spannungen an Ausschnitten.

Zu 2. Bei den *Meßfehlern* sind zwei Arten, nämlich die *systematischen* (regelmäßigen) und die *zufälligen* (unregelmäßigen) Fehler zu unterscheiden.

Die systematischen sind durch die Eigenart der verwandten Maschinen oder Kraftanzeiger einerseits und der Dehnungsmesser und Meßverfahren andererseits gegeben. Die Fehler treten gesetzmäßig auf, verfälschen das Ergebnis stets in bestimmtem Sinn und können nur durch Eichen der Maschinen und Geräte oder durch Wechseln des Meßverfahrens, nicht aber durch Wiederholen der Versuche oder durch Nachmessungen aufgedeckt werden. Beim Eichen geht man gewöhnlich von bestimmten, bekannten Spannungszuständen aus, die man mit den Angaben der Maschinen oder der Messer vergleicht. Werden diese jedoch unter ungewöhnlichen Bedingungen, ein Messer z. B. in hängender Lage benutzt, während er in aufrechter Stellung geeicht worden war, so sind besondere Nachprüfungen unter diesen Bedingungen geboten, wenn einwandfreie Ergebnisse erzielt werden sollen.

Nachprüfungen sind auch dann erforderlich, wenn die Vermutung besteht, daß die Geräte bei der Benutzung oder im Betriebe gelitten haben.

Ergeben die Prüfmaschinen und Kraftmesser, z. B. die Manometer zur Bestimmung von Flüssigkeitsdrucken, oder die Geräte Unterschiede in der Anzeige, je nachdem, ob die Belastung steigt oder fällt, ist also toter Gang, störende Reibung oder Hysteresis vorhanden, so ist es zur Erhöhung der Genauigkeit zweckmäßig, an die Belastung stets in einem *bestimmten* Sinn, z. B. von unten her, heranzugehen.

Immer sind die Messungen bei einer gewissen Anfangsbelastung anzusetzen und zwischen ihr und einer Höchstlast durchzuführen; völlige Entlastung ist aber zu vermeiden, weil sie leicht Veränderungen der Einspann- und Auflagerbedingungen der Versuchsstücke zur Folge hat, die sich nicht oder nur schwer erfassen lassen.

Sorgfältig ist auf richtigen Sitz der Meßgeräte an den Werkstücken zu achten. Bei mehrmaligem Be- und Entlasten in den vorgesehenen Grenzen müssen sich praktisch die gleichen Anzeigen ergeben oder doch bald einstellen. Größere Schwankungen derselben und Verlagerungen der Geräte sind durch erneutes Ansetzen der Messer zu beseitigen.

Ein systematischer Fehler ist noch, wenn man die Meßlängen l zu groß wählt. Sie sind so zu nehmen, daß der Dehnungsverlauf in ihrem Bereich noch genügend genau durch eine gerade Linie ersetzt werden kann. Denn dann kommt das Meßergebnis, das dem Mittelwert der Dehnungen innerhalb l entspricht, über der Mitte der Meßlänge aufgetragen, dem wahren Dehnungswert in diesem Punkte nahe. Wie man mehrere aneinandergereihte Messungen ausgleichen kann, wird unter Pb näher besprochen.

Ferner können mangelhafte Einrichtung des einzelnen Gerätes, Empfindlichkeit gegenüber der Härte des Versuchsstückes, Benutzung von mehr oder weniger guten Aufspannvorrichtungen bedeutenden Einfluß haben.

Die *zufälligen* (unregelmäßigen) Fehler folgen keinen erkennbaren Gesetzen, so daß man ihren Einfluß nicht wie bei den systematischen erfassen und berücksichtigen kann. Sie beeinflussen die Meßergebnisse teils im positiven, teils im negativen Sinn. Wichtige Ursachen für dieselben sind:

α) persönliche Schätzungsfehler infolge Unvollkommenheiten der Beobachtung, ungenügende Übung und ungleichmäßige Aufmerksamkeit des Beobachters;

β) äußere Verhältnisse, wie Beleuchtung, Oberflächenbeschaffenheit des Versuchskörpers, Temperaturänderungen, Erschütterungen unter Verlagerung der Messer während des Versuchs.

Zu α) Bei der Ermittlung sowohl der Belastung als auch der Formänderungen pflegen Meßlatten oder -teilungen benutzt zu werden. Ein und derselbe Ablesefehler, z. B. die Ungenauigkeit der Beobachtungen um $^1/_5$ Teilstrich, wirkt sich bei kleinen Ausschlägen viel stärker aus und bedingt größere Unsicherheit als bei großen. Denn an einer hundertteiligen Meßlatte entspricht $^1/_5$ Teilstrich bei einem Ausschlag um 100 Teile 0,2%, bei einem solchen von 10 Teilen dagegen 2% Unsicherheit. Es empfiehlt sich also, die Kraft-, aber auch die Dehnungsmesser so zu wählen, daß ihr Meßbereich weitgehend ausgenutzt wird.

Sorgfältig sind parallaktische Fehler durch Ablesen von Skalen in schräger Richtung zu vermeiden, was Teilungen mit Spiegelbelag erleichtern.

Zu β) Sehr störend können Temperaturänderungen zufolge der Unterschiede zwischen den Wärmeausdehnungszahlen α_t und den die Elastizität kennzeichnenden Dehnzahlen α wirken. Schwankungen der Raumtemperatur oder Bestrahlung durch Sonnenschein treffen zunächst die meist empfindlicheren Meßgeräte, während die massigeren Versuchskörper erst später beeinflußt werden, so daß sie bezüglich der Ausdehnung durch die Wärme nachhinken. Bestehen Gerät und Versuchsstück aus Werkstoffen gleicher Wärmedehnzahl α_t, also z. B. aus Stahl mit $\alpha_t = 1/90\,000$ je 1° C und $\alpha = 1/2\,100\,000$ cm²/kg, so täuscht ein Temperaturunterschied von 1° zwischen den beiden Teilen eine Spannung von

$$(144) \qquad\qquad \sigma = \alpha_t/\alpha$$

$$\sigma = \frac{2\,100\,000}{90\,000} = 24\ \mathrm{kg/cm^2}$$

vor. Deshalb haben Dehnungsmesser mit Temperaturausgleich nur beschränkten Wert, nämlich nur solange das Versuchsstück keinen Temperaturänderungen unterliegt.

Nehmen allmählich beide Teile wieder dieselbe Temperatur an, so gleichen sich die Längenänderungen infolge der Wärme aus. Anders bei verschiedenen Werkstoffen des Versuchsstücks und des Dehnungsmessers. So dehnt sich Aluminium doppelt so stark aus wie Stahl; demnach bleiben Längenunterschiede bestehen, auch wenn das Versuchsstück aus Aluminium und das Meßgerät aus Stahl wieder die gleiche Temperatur angenommen haben. Unter diesen Umständen ist also ganz besonders sorgfältig auf die Einhaltung der gleichen Temperatur während der Messungen zu achten. (Zwar läßt sich somit die Wirkung von Temperaturen rechnerisch erfassen und könnte deshalb der Fehler als ein systematischer betrachtet werden. Doch ist es meist recht schwierig, die Temperaturen des Gerätes und des Werkstücks genau zu bestimmen, so daß Temperaturwirkungen mehr oder weniger zufälliger Natur sind.)

Erschütterungen bedingen häufig sprunghafte Änderungen der Anzeige; die betreffende Messung muß dem Sprung entsprechend verbessert werden oder unberücksichtigt bleiben. Wenn man durch leichtes Klopfen die Reibung mancher Geräte ausschalten will, so ist dabei doch mit der nötigen Vorsicht zu verfahren.

Im folgenden sind die wichtigeren Fehler, ihre Vermeidung und Ausgleichung besprochen.

b) Systematische Fehler.

Sie wirken sich an den Dehnungsmessern in Änderungen des Übersetzungsverhältnisses aus.

1. Systematische (regelmäßige) Fehler der Spiegelgeräte.

Abb. 157 zeigt schematisch ein solches Gerät in der heute üblichen, von MARTENS angegebenen Form, wie es zur Untersuchung von Werkstoffen im elastischen Gebiet, aber auch zu Dehnungsmessungen an Stangen und Balken verwendet wird, Abb. 4. Sein Übersetzungsverhältnis u ergibt sich aus der Verlängerung λ der Meßstrecke l, dem Abstand L des Spiegels von der Meßlatte, der Schneidenbreite s und der Meßlattenablesung a zu

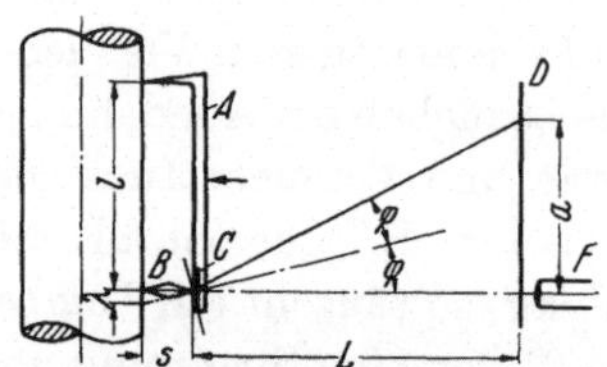

Abb. 157. Spiegelapparat nach MARTENS. Schematisch.
A Meßfeder, B bewegl. Schneide, C Spiegel, D Meßlatte, F Fernrohr.

$$(145) \qquad u = a/\lambda = L\,\mathrm{tg}\,2\varphi/s\sin\varphi \approx \frac{2L}{s}.$$

Die in der Werkstoffprüfung üblichen Geräte benutzen meist Längen von $l = 100$ bis 200, $s = 4{,}5$ und $L = 1125$ mm, so daß $u = 500/1$ ist. Daß diese Werte an Geräten für Dehnungsmessungen bei kurzen Meßlängen abgeändert werden müssen, war schon bei der Besprechung des MATHARschen Geräts, Abb. 15, erwähnt.

Gleichung (145) hat zur Voraussetzung, daß die bewegliche Schneide vor Beginn des Versuchs senkrecht zur Oberfläche steht, daß die Meßlatte und die Spiegelebene zueinander parallel, das Fernrohr F aber senkrecht zur Spiegelfläche angeordnet sind. Dabei verursacht die Vereinfachung $\mathrm{tg}\,2\varphi = 2\sin\varphi$ nach MARTENS bei

$\varphi =$	1	2	3	4	5	10	15°
Fehler von	0,005	0,18	0,41	0,73	1,15	4,80	11,54%.

Um diese Beträge fallen die Ergebnisse zu groß aus. Die rasche Zunahme des Fehlers bei großen Ausschlagwinkeln weist darauf hin, daß man solche Winkel durch richtiges Ansetzen der Schneiden unbedingt vermeiden muß. Will man innerhalb der in der Werkstoffprüfung üblichen Genauigkeitsgrenze von 1% bleiben, so sind Ausschläge der beweglichen Schneide von mehr als $4° 40'$ entsprechend $\lambda/s = \sin 4° 40'$

$= 0,08$ zu vermeiden. Mit $\lambda = \alpha\,\sigma\,l$ folgt daraus die noch zulässige Meßlänge

$$(146) \qquad\qquad l = \frac{0,08\,s}{\alpha\,\sigma}\,,$$

wenn die Dehnzahl α des Werkstoffs und die höchste Spannung σ, die man benutzen will, gegeben sind. Mit den Zahlen der Aufstellung 1, Spalte 4, wird bei $s = 3$ mm im Fall von Duralumin

$$l = 0,08 \cdot 3 \cdot 290 = 70\ \text{mm}\,,$$

eine Strecke, die bei Messungen nach dem Differenzenverfahren nicht überschritten werden sollte. Allerdings kann man den Fehler durch Schrägstellen der Schneide, derart, daß sie bei der halben Belastung senkrecht zur Oberfläche steht, auf die Hälfte vermindern. Auf St 50·11 und Ge 26·91 sind größere Meßlängen von 187 und 176 mm noch zulässig.

Weitere systematische Fehler entstehen durch Abnutzung der beweglichen Schneide, durch Nichteinhalten des Meßlattenabstandes, ferner infolge Durchbiegungen der Meßfedern unter veränderlichem Anpreßdruck und schräge Lage der Spiegel zur Schneidenmittellinie [17].

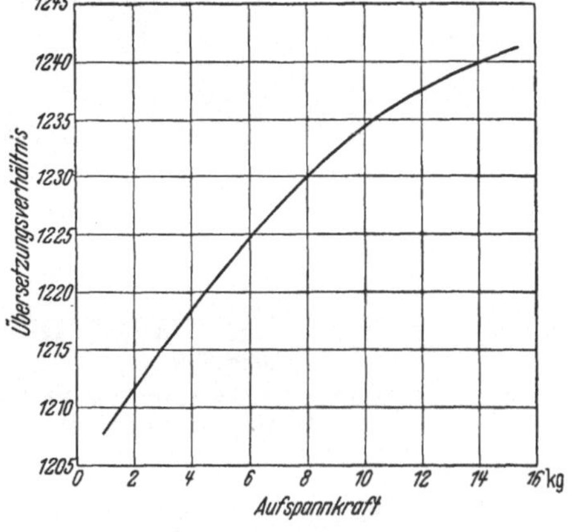

Abb. 158. Einfluß der Aufspannkraft auf das Übersetzungsverhältnis beim HUGGENBERGER-Tensometer.

2. Systematische Fehler an Hebelgeräten.

Sehr eingehend hat R. W. VOSE [18] den Dehnungsmesser von HUGGENBERGER unter verschiedenen Verhältnissen mittels eines besonderen Interferenzlängenmessers, der noch Längenänderungen von $2,70 \cdot 10^{-5}$ mm zu schätzen gestattete, untersucht. Er stellte fest, daß das Übersetzungsverhältnis über dem ganzen Anzeigebereich des Gerätes praktisch gleich sei und der Einfluß des Fehlers im Übertragungsmechanismus noch unterhalb der Ablesegenauigkeit liegt.

Dagegen konnte nach Abb. 158 ein größerer Einfluß der Aufspannkraft, mit der das Gerät am Versuchskörper angedrückt wurde, auf das Übersetzungsverhältnis nachgewiesen werden. Allerdings wurden Kräfte von 2 bis 14 kg angewandt, unter denen die symmetrisch zur beweglichen Schneide nach beiden Seiten hervorragenden Schneidenlager durchgebogen und die erste Hebelübersetzung verändert wurde. So große Drücke müssen deshalb vermieden und nur etwa 0,2 bis 1 kg angewendet werden. Dabei bleibt zu beachten, daß diese Kräfte manchmal durch die Formänderungen des Versuchskörpers erheblichen Änderungen unterliegen, wenn die Anpreßvorrichtungen nicht genügend federn.

Ferner ergaben sich Änderungen des Übersetzungsverhältnisses durch die Härte der Meßoberfläche, Abb. 159, da das mehr oder weniger starke Eindringen der beweglichen Schneide Änderungen der ersten Hebelübersetzung verursacht. Denn wiederholte Bewegungen dieser Schneide wirken so lange auf den Werkstoff ein, bis eine bestimmte Lage erreicht ist. Bis dahin sind die Ablesungen unzuverlässig; beim erstmaligen Ansetzen wurden Unregelmäßigkeiten von 1 bis 5% beobachtet, obgleich die Probe mehrfach vorbelastet und das Einstellen durch leichtes Klopfen auf die Meßfläche unterstützt wurde. Um diese Unregelmäßigkeiten zum Verschwinden zu bringen, empfiehlt VOSE, die feste Schneide von der Oberfläche abzuheben und den ganzen Messer hin und her zu bewegen, bis der Zeiger den ganzen Anzeigebereich mehrmals durchwandert hat. Dann

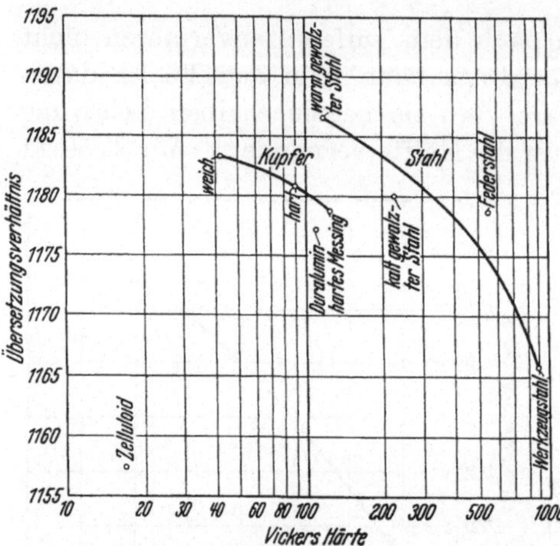

Abb. 159. Einfluß der Werkstoffhärte auf das Übersetzungsverhältnis beim HUGGENBERGER-Tensometer.

betrugen die Abweichungen der ersten Ablesungen vom Durchschnitt mehrerer späterer Ablesungen in allen Fällen weniger als 1%.

Auch die Lage des Gerätes ist von Einfluß auf das Übersetzungsverhältnis u. Z. B. zeigte ein Messer in aufrechter Lage $u = 1018$, in waagerechter $u = 1028$ und hängend $u = 1040/1$.

c) Zufällige Fehler.

Die Größenordnung der zufälligen Fehler erkennt man an den Schwankungen der Ergebnisse bei mehrfachem Wiederholen einer und derselben Messung unter gleichen Bedingungen und mit demselben Gerät. Ist durchweg die gleiche Sorgfalt angewandt, so ist der *wahrscheinlichste Wert* das arithmetische Mittel aus den Einzelbeobachtungen, weil man annehmen kann, daß die zufälligen Fehler ebensooft zu groß wie zu klein sein werden, ihre algebraische Summe also Null ist. Ein annäherndes Urteil über die Genauigkeit der Messungen gewinnt man, wenn man die *scheinbaren Fehler* bestimmt. Sie sind durch die Abweichungen der Einzelwerte vom Mittelwert gegeben.

Beispiel 26. Sind an einer Millimeterteilung bei Schätzung von Zehntel Millimetern die folgenden fünf Ablesungen gewonnen

$$10,3 \qquad 10,4 \qquad 10,3 \qquad 10,5 \qquad 10,3\,,$$

so ist das arithmetische Mittel 10,36 bei scheinbaren Fehlern von

$$-0,06 \qquad +0,04 \qquad -0,06 \qquad +0,14 \qquad -0,06$$

und einem *durchschnittlichen* scheinbaren Fehler von

$$\pm\frac{0,06 + 0,04 + 0,06 + 0,14 + 0,06}{5} = \pm 0,07,$$

so daß das Ergebnis $10,36 \pm 0,07$ ist.

Beispiel 27. Lassen sich infolge zu grober Teilstriche nur Fünftel Millimeter schätzen und liegen die Ablesungen

$$10,2 \qquad 10,4 \qquad 10,4 \qquad 10,6 \qquad 10,2$$

vor, so ist der wahrscheinlichste Wert 10,36 zwar derselbe, während die scheinbaren Fehler

$$-0,16 \qquad +0,04 \qquad +0,04 \qquad +0,24 \qquad -0,16$$

im Mittel $\pm 0,13$ betragen und das Endergebnis $10,36 \pm 0,13$, also erheblich ungenauer ist.

Wenn demnach der Beobachter die Schätzungseinheit so klein wie möglich nehmen wird, so darf er sich doch nicht über die Ablesemöglichkeit täuschen und nicht Zehntel Millimeter angeben, wo nur Fünftel zu schätzen sind, wenn er ein richtiges Urteil über die Messung gewinnen will. Die Wirkung weiterer Wiederholungen der Messungen auf den durchschnittlichen Fehler zeigt das folgende Beispiel.

Beispiel 28. Wenn fünf weitere Ablesungen zu Beispiel 27 die Werte

$$10,4 \qquad 10,4 \qquad 10,6 \qquad 10,2 \qquad 10,2$$

liefern, so ist das arithmetische Gesamtmittel 10,36 unverändert geblieben, bei scheinbaren Fehlern

$$+0,04 \qquad +0,04 \qquad +0,24 \qquad -0,16 \qquad -0,16\,.$$

Der Mittelwert aller dieser Fehler ist jedoch nur auf $\pm 0,13$ geblieben, so daß das Endergebnis $10,36 \pm 0,13$ ist.

Es zeigt sich somit, daß zahlreiche Wiederholungen gleicher Art das Endergebnis nicht mehr wesentlich verbessern, was auch die Fehlertheorie bestätigt, so daß man sich bei Dehnungsmessungen in der Regel auf 5 bis 10 Einzelablesungen beschränken kann.

Alle Beobachtungen und Ergebnisse sind mit so viel Ziffern anzugeben, daß die vorletzte durch die Genauigkeitsgrenzen nicht mehr wesentlich beeinflußt wird, während die letzte lediglich als Schätzung zu betrachten ist. (Im Beispiel 28 wäre das Gesamtmittel 10,36 rd. 10,4, die obere Grenze $10,36 + 0,13 = 10,49$ rd. 10,5, die untere $10,36 - 0,13 = 10,23$ rd. 10,2.)

1. Mittlerer Fehler einer Beobachtungsreihe.

Während das vorstehende Verfahren einen nur annähernden Aufschluß über die Genauigkeit gibt, mit der ein Beobachter gearbeitet hat, ermittelt man den *mittleren Fehler m des Ergebnisses* einer Beobachtungsreihe nach der GAUSSschen Fehlertheorie aus

$$(147) \qquad m = \sqrt{\frac{f_1^2 + f_2^2 + \cdots f_n^2}{n\,(n-1)}} = \sqrt{\frac{[f^2]}{n\,(n-1)}},$$

wenn $f_1, f_2, \ldots, f_n$ die scheinbaren Fehler der n einzelnen Beobachtungen sind und die eckige Klammer als Summenzeichen verwendet wird. Durch das Quadrieren der Einzelfehler läßt sich einerseits der Umstand ausschalten, daß die Fehler teils positiv, teils negativ sind; andererseits gewinnen größere Abweichungen stärkeren Einfluß als kleinere. Bezüglich der Fehlertheorie muß auf das Schrifttum verwiesen werden [*19*].

Beispiel 29. Mit den Zahlen des Beispiels 26 ergibt sich, wenn man zur Vereinfachung nicht mit den oben angegebenen Dezimalbrüchen, sondern mit Hundertsteln rechnet, aus den $n = 5$ Beobachtungen der folgende Rechnungsgang:

Scheinbare Fehler f	6	4	6	14	6
f^2	36	16	36	196	36

$[f^2] = 320$; mittlerer Fehler des Mittelwertes $m = \sqrt{\dfrac{320}{5\,(5-1)}} = 4$ Hundertstel, so daß das Endergebnis mit $a = 10{,}36 \pm 0{,}04$ angesetzt werden kann.

Entsprechend ergibt sich aus den Zahlen des Beispiels 27: $10{,}36 \pm 0{,}07$.

Beispiel 30. Die zehn Ablesungen der Beispiele 27 und 28 liefern in entsprechender Weise:

f	16	4	4	24	16	4	4	24	16	16
f^2	256	16	16	576	256	16	16	576	256	256

$[f^2] = 2240$; $m = \sqrt{\dfrac{2240}{10 \cdot 9}} = 4{,}9$, rd. 5 Hundertstel, also das Endergebnis $a = 10{,}36 \pm 0{,}05$.

Im vorliegenden Falle sind 5 Ablesungen mit $^1/_{10}$ mm Genauigkeit praktisch etwas genauer als 10 Ablesungen bei $^1/_5$ mm Genauigkeit.

Bei der Umrechnung des Ergebnisses in Dehnungen ist durch das Übersetzungsverhältnis u und die Meßlänge l zu dividieren. Ist beispielsweise $u = 1200/1$ und $l = 20$ mm, so wird

$$(148) \qquad \boxed{\varepsilon = \frac{a}{u\,l}}$$

$$\varepsilon = \frac{10{,}36 \pm 0{,}04}{1200 \cdot 20} = (4{,}31 \pm 0{,}02)\,10^{-4}.$$

2. Ausgleich der zufälligen Fehler an Dehnungsmessungen.

Die GAUSSsche Fehlertheorie gestattet auch *Ergänzungsmessungen* mit den zur Bestimmung der Hauptdehnungen ε_1 und ε_2 sowie ihrer Richtung durch φ_0 *erforderlichen* Messungen auszugleichen und die wahrscheinlichsten Werte sowie deren mittlere Fehler zu berechnen.

α) **Ausgleich von Dehnungsmessungen, wenn die Richtungen der Hauptdehnungen bekannt sind.** Die beiden zur Bestimmung des Zustandes nötigen, längs der Hauptachsen durchgeführten Messungen werden zur Erhöhung der Genauigkeit zweckmäßigerweise durch eine weitere Messung unter $45°$ oder durch zwei unter $\pm 45°$ ergänzt. Im letzten Falle ermöglicht schon der Umstand, daß die Summen der senkrecht zueinander gemessenen Dehnungen nach Gleichung (101) gleich groß sein müssen, die Nachprüfung der Richtigkeit der Messungen. Infolge von Meßfehlern wird diese Bedingung nicht immer erfüllt sein. Dann müssen die Widersprüche durch die Ausgleichrechnung möglichst behoben und der wahrscheinlichste Wert für die Hauptdehnungen ε_1 und ε_2 ermittelt werden. Voraussetzung für die folgenden Rechnungen ist, daß die Dehnungsmessungen in den verschiedenen Richtungen mit gleicher Sorgfalt durchgeführt werden, d. h. dieselbe Ablesegenauigkeit und die gleiche Zahl von Einzelbeobachtungen bei der Ermittlung der Mittelwerte angewendet und daß die Meßrichtungen genau eingehalten werden.

I. **Ausgleich dreier Messungen unter 0, 45 und 90° gegenüber** ε_1. Bezeichnen v_0, v_{45} und v_{90} die Verbesserungen, die an den drei längs der Meßlinien ermittelten Werten ε_0, ε_{45} und ε_{90} anzubringen sind, so müssen $\varepsilon_0 + v_0$, $\varepsilon_{45} + v_{45}$ und $\varepsilon_{90} + v_{90}$ Gleichungen der Form (11) genügen, wenn für φ der Reihe nach die drei Meßwinkel eingeführt werden. Dabei sei der Einfachheit halber $(\varepsilon_1 + \varepsilon_2)/2 = \xi$ und $(\varepsilon_1 - \varepsilon_2)/2 = \eta$ gesetzt. So ergeben sich die Beziehungen

$$\varepsilon_0 \;\; + v_0 \;\; = \xi + \eta \cos 0° = \xi + \eta,$$
$$\varepsilon_{45} + v_{45} = \xi + \eta \cos 2 \cdot 45° = \xi,$$
$$\varepsilon_{90} + v_{90} = \xi + \eta \cos 2 \cdot 90° = \xi - \eta$$

oder die Verbesserungen

$$v_0 = (\xi - \varepsilon_0) + \eta,$$
$$v_{45} = (\xi - \varepsilon_{45}),$$
$$v_{90} = (\xi - \varepsilon_{90}) - \eta.$$

Die Verbesserungen sind nun so zu wählen, daß die Widersprüche ausgeglichen werden; sie sollen aber andererseits so klein als möglich sein, um die Beobachtungen ε_0, ε_{45} und ε_{90} wenig zu ändern. Nach der Gaussschen Fehlertheorie muß dann die Summe der Quadrate der Verbesserungen v ein Minimum, d. h.

$$(149) \qquad \frac{\partial [v^2]}{\partial \xi} = 0 \quad \text{und} \quad \frac{\partial [v^2]}{\partial \eta} = 0$$

sein. Mit

$$v_0^2 \;\; = (\xi - \varepsilon_0)^2 + 2(\xi - \varepsilon_0)\,\eta + \eta^2,$$
$$v_{45}^2 = (\xi - \varepsilon_{45})^2,$$
$$v_{90}^2 = (\xi - \varepsilon_{90})^2 \quad 2(\xi - \varepsilon_{90})\,\eta + \eta^2$$

wird $[v^2] = v_0^2 + v_{45}^2 + v_{90}^2 = (\xi - \varepsilon_0)^2 + (\xi - \varepsilon_{45})^2 + (\xi - \varepsilon_{90})^2$
$$+ 2\eta\,(\varepsilon_{90} - \varepsilon_0) + 2\eta^2,$$
$$\frac{\partial[v]^2}{\partial\xi} = 2\,(\xi - \varepsilon_0) + 2\,(\xi - \varepsilon_{45}) + 2\,(\xi - \varepsilon_{90}) = 0,$$
$$\frac{\partial[v]^2}{\partial\eta} = 2\,(\varepsilon_{90} - \varepsilon_0) + 4\eta = 0$$

und damit

$$\xi = \frac{\varepsilon_0 + \varepsilon_{45} + \varepsilon_{90}}{3} = \frac{\varepsilon_1 + \varepsilon_2}{2},$$
$$\eta = \frac{\varepsilon_0 - \varepsilon_{90}}{2} = \frac{\varepsilon_1 - \varepsilon_2}{2}.$$

Das Auflösen nach ε_1 und ε_2 führt zu den gesuchten wahrscheinlichsten Werten der Hauptdehnungen

$$(150)\quad \begin{cases} \text{a}\quad \boxed{\varepsilon_1 = \frac{5}{6}\,\varepsilon_0 + \frac{\varepsilon_{45}}{3} - \frac{\varepsilon_{90}}{6}\,,} \\[2mm] \text{b}\quad \boxed{\varepsilon_2 = \frac{-\varepsilon_0}{6} + \frac{\varepsilon_{45}}{3} + \frac{5}{6}\,\varepsilon_{90}\,.} \end{cases}$$

II. Ausgleich von vier Messungen unter 0, 45, 90 und $-45°$ gegenüber ε_1. In entsprechender Weise führt der Ausgleich von vier Dehnungsmessungen ε_0, ε_{45}, ε_{90} und ε_{-45} zu den Hauptdehnungen

$$(151)\quad \begin{cases} \varepsilon_1 = \frac{3}{4}\,\varepsilon_0 + \frac{\varepsilon_{45}}{4} - \frac{\varepsilon_{90}}{4} + \frac{\varepsilon_{-45}}{4}\,, \\[2mm] \varepsilon_2 = -\,\frac{\varepsilon_0}{4} + \frac{\varepsilon_{45}}{4} + \frac{3}{4}\,\varepsilon_{90} + \frac{\varepsilon_{-45}}{4}\,. \end{cases}$$

III. Ausgleich von Messungen unter beliebigen Winkeln gegenüber ε_1. Zur Bestimmung von ε_1 und ε_2 können auch Messungen unter beliebigen Winkeln zur Richtung von ε_1 dienen, deren Zahl aber zur Erhöhung der Genauigkeit stets größer als 2 sein sollte. Liegen n, unter den Meßwinkeln ω_1, ω_2, ... ω_n gemessene Dehnungen $\varepsilon_{\omega 1}$, $\varepsilon_{\omega 2}$, ... $\varepsilon_{\omega n}$ vor, die um v_1, v_2, ... v_n verbessert werden müssen, so lauten die „Fehlergleichungen" in allgemeiner Form

$$v_1 = (\xi - \varepsilon_{\omega 1}) + \eta \cos 2\omega_1,$$
$$v_2 = (\xi - \varepsilon_{\omega 2}) + \eta \cos 2\omega_2,$$
$$\cdots\cdots\cdots\cdots\cdots$$
$$v_n = (\xi - \varepsilon_{\omega n}) + \eta \cos 2\omega_n.$$

Eine einzelne Verbesserung ergibt

$$v^2 = (\xi - \varepsilon_\omega)^2 + 2\,(\xi - \varepsilon_\omega)\,\eta \cos 2\omega + \eta^2 \cos^2 2\omega.$$

Ihre Summe ist unter Benutzung von eckigen Klammern als Summenzeichen

$$[v^2] = [(\xi - \varepsilon_\omega)^2] + 2\eta[(\xi - \varepsilon_\omega)\cos 2\omega] + \eta^2[\cos^2 2\omega].$$

Die Minimumbedingung (149) verlangt

$$\frac{\partial [v^2]}{\partial \xi} = 2[\xi - \varepsilon_\omega] + 2\eta[\cos 2\omega] = 0,$$

$$\frac{\partial [v^2]}{\partial \eta} = 2[(\xi - \varepsilon_\omega)\cos 2\omega] + 2\eta[\cos^2 2\omega] = 0,$$

Gleichungen, die nach ξ und η aufgelöst, zu

$$(152) \quad \xi = \frac{[\varepsilon_\omega \cos 2\omega][\cos 2\omega] - [\varepsilon_\omega][\cos^2 2\omega]}{[\cos 2\omega]^2 - n[\cos^2 2\omega]}; \quad \eta = \frac{[\varepsilon_\omega][\cos 2\omega] - n[\varepsilon_\omega \cos 2\omega]}{[\cos 2\omega]^2 - n[\cos^2 2\omega]}$$

führen.

Beispiel 31. Die Mittelwerte aus je 8 Messungen unter 15, 30, 45, 60 und 75° Neigung gegenüber ε_1 seien $\varepsilon_{15} = 484 \cdot 10^{-6}$, $\varepsilon_{30} = 351 \cdot 10^{-6}$, $\varepsilon_{45} = 180 \cdot 10^{-6}$, $\varepsilon_{60} = 4,7 \cdot 10^{-6}$ und $\varepsilon_{75} = -77,5 \cdot 10^{-6}$. Unter der Voraussetzung, daß die Messungen mit durchweg der gleichen Genauigkeit ausgeführt und die Meßwinkel genau eingehalten wurden, erhält man

$$[\varepsilon_\omega \cos 2\omega] = (484 \cdot \sqrt{3}/2 + 351/2 + 0 - 4,7/2 + 77,5 \cdot \sqrt{3}/2) \cdot 10^{-6} = 659,5 \cdot 10^{-6},$$

$$[\cos 2\omega] = \cos 30^0 + \cos 60^0 + \cos 90^0 + \cos 120^0 + \cos 150^0$$

$$= \sqrt{3}/2 + 1/2 + 0 - 1/2 - \sqrt{3}/2 = 0,$$

$$[\varepsilon_\omega] = (484 + 351 + 180 + 4,7 - 77,5) \cdot 10^{-6} = 942,2 \cdot 10^{-6},$$

$$[\cos^2 2\omega] = 3/4 + 1/4 + 0 + 1/4 + 3/4 = 2,$$

$n = 5$ und daraus über

$$\xi = \frac{(0 - 942,2 \cdot 2) \cdot 10^{-6}}{0 - 5 \cdot 2} = 188,4 \cdot 10^{-6} = (\varepsilon_1 + \varepsilon_2)/2,$$

$$\eta = \frac{(0 - 5 \cdot 659,5) \cdot 10^{-6}}{0 - 5 \cdot 2} = 329,8 \cdot 10^{-6} = (\varepsilon_1 - \varepsilon_2)/2,$$

$$\varepsilon_1 = 518,2 \cdot 10^{-6}, \quad \varepsilon_2 = -141,4 \cdot 10^{-6}.$$

IV. Mittlere Fehler der ausgeglichenen Werte. Die mittleren Fehler m, mit denen die Ergebnisse einer Beobachtungsreihe nach S. 100 behaftet sind, wirken sich auf die Hauptdehnungen und die daraus berechneten Hauptspannungen nach dem GAUSSschen Fehlerfortpflanzungsgesetz aus.

Aus den *scheinbaren* Fehlern f der Ablesungen bestimmt man zunächst den *mittleren Fehler m einer einzelnen Beobachtungsreihe* nach der Beziehung (147). Unter Aufwand durchweg gleicher Genauigkeit bei der Ermittlung dieser Reihen in den verschiedenen Meßrichtungen wird auch m praktisch gleich groß, vgl. Beispiel 32. Dann sind nach dem erwähnten Gesetz[1] die Hauptdehnungen ε_1 und ε_2 mit folgenden

---

[1] Das Gesetz besagt im Fall I, wo drei unter 0, 45 und 90° gemessene Dehnungen vorliegen, daß der Fehler $m_{\varepsilon 1}$ von ε_1 gegeben ist durch

$$m_{\varepsilon 1} = m\sqrt{\left(\frac{\partial F_{\varepsilon 1}}{\partial \varepsilon_0}\right)^2 + \left(\frac{\partial F_{\varepsilon 1}}{\partial \varepsilon_{45}}\right)^2 + \left(\frac{\partial F_{\varepsilon 1}}{\partial \varepsilon_{90}}\right)^2},$$

wenn $F_{\varepsilon 1}$ der Gleichung (150a) entspricht.

mittleren Fehlern in den vorstehend behandelten Fällen I und II behaftet.

I. Drei Messungen unter 0, 45 und 90° gegenüber ε_1.

$$(153) \qquad m_{\varepsilon 1} = m_{\varepsilon 2} = \frac{m}{6}\sqrt{30} = 0{,}91\,m\,.$$

II. Vier Messungen unter 0, 45, 90 und $-45°$ gegenüber ε_1.

$$(154) \qquad m_{\varepsilon 1} = m_{\varepsilon 2} = m\,\frac{\sqrt{3}}{2} = 0{,}87\,m\,.$$

Sie pflanzen sich auf die Hauptspannungen σ_1 und σ_2 bei der Querzahl μ des Werkstoffes in Gestalt von

$$(155) \qquad \left\{ \begin{aligned} m_{\sigma 1} &= \frac{\sqrt{m_{\varepsilon 1}^2 + \mu^2 m_{\varepsilon 2}^2}}{(1-\mu^2)\,\alpha}\,, \\[2mm] m_{\sigma 2} &= \frac{\sqrt{\mu^2 m_{\varepsilon 1}^2 + m_{\varepsilon 2}^2}}{(1-\mu^2)\,\alpha}\,. \end{aligned} \right.$$

β) Ausgleich von Dehnungsmessungen, wenn die Richtungen der Hauptdehnungen nicht bekannt sind [20].

I. Ausgleich von vier Messungen unter 0, $\pm\omega$ und 90°. Haben die drei *erforderlichen* Messungen unter den Winkeln 0 und $\pm\omega$ die Dehnungen ε_0, ε_ω und $\varepsilon_{-\omega}$ ergeben und liegt eine weitere Messung ε_{90} unter 90° zur Richtung von ε_0 vor, so führt der Ausgleich zu folgendem Rechnungsgang, wenn praktisch keine Richtungsfehler vorliegen, weil sonst die Rechnung zu verwickelt wird.

Gleichungen (62) bis (64) liefern, wenn wieder $\xi = (\varepsilon_1 + \varepsilon_2)/2$ und $\eta = (\varepsilon_1 - \varepsilon_2)/2$ gesetzt wird, die Fehlergleichungen

$$(156) \qquad \left\{ \begin{aligned} v_0 &= (\xi - \varepsilon_0) + \eta\cos 2\varphi_0\,, \\ v_\omega &= (\xi - \varepsilon_\omega) + \eta\cos 2(\varphi_0 + \omega)\,, \\ v_{-\omega} &= (\xi - \varepsilon_{-\omega}) + \eta\cos 2(\varphi_0 - \omega)\,, \\ v_{90} &= (\xi - \varepsilon_{90}) + \eta\cos 2(\varphi_0 + 90)\,. \end{aligned} \right.$$

In gleicher Weise, wie im vorigen Abschnitt angegeben, bildet man $[v^2] = v_0^2 + v_\omega^2 + v_{-\omega}^2 + v_{90}^2$ und erhält nach dem Minimumprinzip

$$\frac{\partial[v^2]}{\partial\xi} = 0\,, \qquad \frac{\partial[v^2]}{\partial\eta} = 0 \quad \text{und} \quad \frac{\partial[v^2]}{\partial\varphi_0} = 0$$

die drei Beziehungen

$$v_0 + v_\omega + v_{-\omega} + v_{90} = 0$$

$$v_0\cos 2\varphi_0 + v_\omega\cos 2(\varphi_0 + \omega) + v_{-\omega}\cos 2(\varphi_0 - \omega) + v_{90}\cos 2(\varphi_0 + 90) = 0,$$

$$v_0\sin 2\varphi_0 + v_\omega\sin 2(\varphi_0 + \omega) + v_{-\omega}\sin 2(\varphi_0 - \omega) + v_{90}\sin 2(\varphi_0 + 90) = 0.$$

(Ihr Sinn ist, daß 1. die algebraische Summe sämtlicher Verbesserungen und 2. ihre Projektionen auf die unbekannten, aber senkrecht aufeinander stehenden Hauptrichtungen von ε_1 und ε_2 verschwinden müssen.)

Nach Ausrechnung der Winkelfunktionen und weiterer Vereinfachung gehen die Gleichungen in

$$v_0 = -v_\omega (1 + \cos 2\omega),$$
$$v_{90} = -v_\omega (1 - \cos 2\omega),$$
$$v_\omega = v_{-\omega}$$

über und liefern beim Einsetzen in (156)

$$(157) \quad \operatorname{tg} 2\varphi_0 = \frac{\varepsilon_{-\omega} - \varepsilon_\omega}{2(\varepsilon_0 - \varepsilon_{90}) + (\varepsilon_\omega + \varepsilon_{-\omega} - \varepsilon_0 - \varepsilon_{90})\cos 2\omega} \cdot \frac{\cos^2 2\omega + 2}{\sin 2\omega}$$

$$(158) \quad \left\{ \begin{aligned} \varepsilon_1, \varepsilon_2 &= \frac{(\varepsilon_\omega + \varepsilon_{-\omega}) + (\varepsilon_0 + \varepsilon_{90})(\cos^2 2\omega + 1) - (\varepsilon_0 - \varepsilon_{90})\cos 2\omega}{2(\cos^2 2\omega + 2)} \\ &\pm \frac{\varepsilon_{-\omega} - \varepsilon_\omega}{2\sin 2\omega \sin 2\varphi_0}. \end{aligned} \right.$$

Setzt man in dieselben für ω der Reihe nach die üblichen Werte von 60, 45 und 30° ein, so ergeben sich die Beziehungen

$$\boxed{\omega = \pm 60°}$$

$$(159) \quad \operatorname{tg} 2\varphi_0 = \frac{(\varepsilon_{-30} - \varepsilon_{60})\, 3\sqrt{3}}{5\varepsilon_0 - \varepsilon_{-60} - \varepsilon_{60} - 3\varepsilon_{90}},$$

$$(160) \quad \varepsilon_1, \varepsilon_2 = \frac{2}{9}(\varepsilon_{60} + \varepsilon_{-60}) + \frac{1}{18}(7\varepsilon_0 + 3\varepsilon_{90}) \pm \frac{\varepsilon_{-60} - \varepsilon_{60}}{\sqrt{3}\sin 2\varphi_0},$$

$$\boxed{\omega = \pm 45°}$$

$$(161) \quad \operatorname{tg} 2\varphi_0 = \frac{\varepsilon_{-45} - \varepsilon_{45}}{\varepsilon_0 - \varepsilon_{90}},$$

$$(162) \quad \varepsilon_1, \varepsilon_2 = \frac{1}{4}(\varepsilon_0 + \varepsilon_{90} + \varepsilon_{45} + \varepsilon_{-45}) \pm \frac{1}{2}\frac{\varepsilon_{-45} - \varepsilon_{45}}{\sin 2\varphi_0}.$$

$$\boxed{\omega = \pm 30°}$$

$$(163) \quad \operatorname{tg} 2\varphi_0 = \frac{(\varepsilon_{-30} - \varepsilon_{30})\, 3\sqrt{3}}{3\varepsilon_0 + \varepsilon_{30} + \varepsilon_{-30} - 5\varepsilon_{90}},$$

$$(164) \quad \varepsilon_1, \varepsilon_2 = \frac{2}{9}(\varepsilon_{30} + \varepsilon_{-30}) + \frac{1}{18}(3\varepsilon_0 + 7\varepsilon_{90}) \pm \frac{\varepsilon_{-30} - \varepsilon_{30}}{\sqrt{3}\sin 2\varphi_0}.$$

II. Mittlere Fehler der ausgeglichenen Werte.

$$\boxed{\omega = \pm 60°}$$

$$(165) \quad m_{\varphi 0} = \frac{m}{3(\varepsilon_1 - \varepsilon_2)}\sqrt{5 + \cos 4\varphi_0},$$

$$(166) \quad m_{\varepsilon 1}, m_{\varepsilon 2} = m\sqrt{\frac{17}{18} \pm \frac{2}{9}\cos 2\varphi_0 - \frac{2}{9}\cos^2 2\varphi_0}.$$

$$\boxed{\omega = \pm 45^\circ}$$

$$(167, 168) \quad m_{\varphi 0} = \frac{\sqrt{2}}{2} \frac{m}{\varepsilon_1 - \varepsilon_2} = \frac{0{,}71\, m}{\varepsilon_1 - \varepsilon_2} \; ; \quad m_{\varepsilon 1} = m_{\varepsilon 2} = \frac{\sqrt{3}}{2}\, m = 0{,}87\, m .$$

$$\boxed{\omega = \pm 30^\circ}$$

$m_{\varphi 0}$ nach (165),

$$(169) \qquad m_{\varepsilon 1}, m_{\varepsilon 2} = m \sqrt{\frac{17}{18} \mp \frac{2}{9} \cos 2\varphi_0 - \frac{2}{9} \cos^2 2\varphi_0} .$$

Beispiel 32. Dehnungsmessungen in einem Punkte eines Werkstückes aus Stahl mittels eines Huggenberger-Tensometers von $u = 1200/1$ und $l = 20$ mm lieferten in den Meßrichtungen 0, ± 45 und 90° folgende Werte:

Meßrichtung 0°

Ablesungen a am Tensometer	scheinbare Fehler f	f^2
6,9 mm	$-0{,}1$	0,01
7,2 ,,	0,2	0,04
6,8 ,,	$-0{,}2$	0,04
7,3 ,,	0,3	0,09
6,8 ,,	$-0{,}2$	0,04
$[a] = 35{,}0$ mm	$[f] = 0{,}0$	$[f^2] = 0{,}22$

$$a_0 = \frac{[a]}{n} \pm \sqrt{\frac{[f^2]}{n\,(n-1)}} = \frac{35}{5} + \sqrt{\frac{0{,}22}{5 \cdot 4}} = 7{,}0 \pm 0{,}1 \text{ mm} .$$

Meßrichtung 45°

a	f	f^2
3,8 mm	0,0	0,00
3,6 ,,	$-0{,}2$	0,04
4,1 ,,	0,3	0,09
4,0 ,,	0,2	0,04
3,5 ,,	$-0{,}3$	0,09
$[a] = 19{,}0$ mm	$[f] = 0{,}0$	$[f^2] = 0{,}26$

$$a_{45} = \frac{19{,}0}{5} \pm \sqrt{\frac{0{,}26}{5 \cdot 4}} = 3{,}8 \pm 0{,}1 \text{ mm} .$$

Meßrichtung -45°

a	f	f^2
$-13{,}7$ mm	$-0{,}2$	0,04
$-14{,}1$,,	0,2	0,04
$-14{,}1$,,	0,2	0,04
$-14{,}0$,,	0,1	0,01
$-13{,}6$,,	$-0{,}3$	0,09
$[a] = -69{,}5$ mm	$[f] = 0{,}0$	$[f^2] = 0{,}22$

$$a_{-45} = \frac{-69{,}5}{5} \pm \sqrt{\frac{0{,}22}{5 \cdot 4}} = -13{,}9 \pm 0{,}1 \text{ mm} .$$

Meßrichtung 90°

a	f	f^2
$-17,2$ mm	$0,2$	$0,04$
$-17,1$,,	$0,1$	$0,01$
$-16,8$,,	$-0,2$	$0,04$
$-17,2$,,	$0,2$	$0,04$
$-16,7$,,	$-0,3$	$0,09$
$[a] = -85,0$ mm	$[f] = 0,0$	$[f^2] = 0,22$

$$a_{90} = \frac{-85,0}{5} \pm \sqrt{\frac{0,22}{5 \cdot 4}} = -17,0 \pm 0,1 \text{ mm}.$$

Die Rechnung zeigt, daß die mittleren Fehler praktisch gleich groß, nämlich $\pm 0,1$ mm sind. Mit Hilfe der Gleichung (148) ergeben sich die entsprechenden Dehnungen zu

$$\varepsilon_0 = (2,92 \pm 0,05)\,10^{-4}, \qquad \varepsilon_{45} = (1,58 \pm 0,05)\,10^{-4},$$

$$\varepsilon_{-45} = (-5,79 \pm 0,05)\,10^{-4}, \qquad \varepsilon_{90} = (-7,09 \pm 0,05)\,10^{-4}.$$

Richtung und Größe der Hauptdehnungen folgen aus (161) und (162)

$$\operatorname{tg} 2\varphi_0 = \frac{\varepsilon_{-45} - \varepsilon_{45}}{\varepsilon_0 - \varepsilon_{90}} = \frac{-5,79 - 1,58}{2,92 + 7,09} = -0,738 \quad \text{oder} \quad \varphi_0 = -18° 12',$$

(Fall 4 der Aufstellung 3, S. 43.)

$$\varepsilon_1, \varepsilon_2 = \frac{1}{4}\,(\varepsilon_0 + \varepsilon_{90} + \varepsilon_{45} + \varepsilon_{-45}) \pm \frac{1}{2}\,\frac{\varepsilon_{-45} - \varepsilon_{45}}{\sin 2\varphi_0}$$

$$= \frac{10^{-4}}{4}\,(2,92 - 7,09 + 1,58 - 5,79) \pm \frac{10^{-4}}{2} \cdot \frac{-5,79 - 1,58}{-0,594}$$

$$= (-2,10 \pm 6,22) \cdot 10^{-4}; \qquad \varepsilon_1 = 4,12 \cdot 10^{-4}, \qquad \varepsilon_2 = -8,32 \cdot 10^{-4}.$$

Mittlere Fehler von φ_0, ε_1 und ε_2 nach (167) und (168)

$$m_{\varphi 0} = \frac{0,71\,m}{\varepsilon_1 - \varepsilon_2} = \frac{0,71 \cdot 0,05 \cdot 10^{-4}}{(4,12 + 8,32) \cdot 10^{-4}} = 0,003$$

oder im Winkelmaß $m_{\varphi 0} = 10'$,

$$m_{\varepsilon 1} = m_{\varepsilon 2} = 0,87\,m = 0,87 \cdot 0,05 \cdot 10^{-4} = 0,04 \cdot 10^{-4}.$$

Ergebnis:

$$\varepsilon_1 = (4,12 \pm 0,04)\,10^{-4}, \qquad \varepsilon_2 = -(8,32 \pm 0,04)\,10^{-4} \quad \text{und} \quad \varphi_0 = -18° 12' \pm 10'.$$

Hauptspannungen nach (33)

$$\sigma_1 = \frac{\varepsilon_1 + \mu\,\varepsilon_2}{(1 - \mu^2)\,\alpha} = (4,12 - 0,3 \cdot 8,32) \cdot 10^{-4} \cdot 2\,310\,000 = 374 \text{ kg/cm}^2,$$

$$\sigma_2 = \frac{\varepsilon_2 + \mu\,\varepsilon_1}{(1 - \mu^2)\,\alpha} = (-8,32 + 0,3 \cdot 4,12)\,10^{-4} \cdot 2\,310\,000 = -1636 \text{ kg/cm}^2.$$

Mittlere Fehler aus (155), da $m_{\varepsilon 1} = m_{\varepsilon 2}$ ist,

$$m_{\sigma 1} = m_{\sigma 2} = \frac{m_{\varepsilon 1}\sqrt{1 + \mu^2}}{(1 - \mu^2)\,\alpha} = 0,04 \cdot 10^{-4}\sqrt{1 + 0,3^2} \cdot 2\,310\,000 = 9,7 \text{ kg/cm}^2.$$

Endergebnis: $\sigma_1 = 374 \pm 9,7$ kg/cm² und $\sigma_2 = -1636 \pm 9,7$ kg/cm².

P. Darstellung von Verformungs- und Spannungszuständen.

Bei den Versuchen pflegen die Ergebnisse zahlenmäßig aufgenommen und festgelegt zu werden, ein Verfahren, das bei einzelnen oder bei einer mäßigen Zahl von Messungen genügt, bei größeren zusammenhängenden Versuchs- oder Punktreihen aber an Unübersichtlichkeit leidet. In solchen Fällen macht man zweckmäßig von zeichnerischen Darstellungen Gebrauch. Dabei kann nicht dringend genug empfohlen werden, die Ergebnisse schon *während* der Versuche aufzutragen, um Fehlmessungen rasch erkennen und nachprüfen, nötigenfalls auch Ergänzungsversuche anstellen zu können. Spätere Wiederholungen kosten wegen des Wiederaufbaues der Versuchseinrichtung und wegen der Schwierigkeit der Herstellung gleicher Versuchsbedingungen meist ungleich mehr Zeit und Mühe.

Die folgenden Ausführungen geben einen Überblick über die wichtigeren Darstellungsweisen, um die im Einzelfalle geeignete aussuchen zu können, die man aber oft je nach den Umständen abändern wird, um die Deutlichkeit zu erhöhen oder das Wesentliche zu betonen. Die Darstellung muß alle zum Verständnis erforderlichen Angaben enthalten. Nötigenfalls ist sie durch schriftliche Erläuterungen zu ergänzen. Art der Durchführung der Versuche und Ort der Messungen lassen sich aber durch anschauliche Skizzen oft leichter und besser verdeutlichen als durch ausführliche Beschreibungen, vgl. Abb. 165 und 174.

a) Wiedergabe von Messungen in einzelnen Punkten.

Da der Spannungs- und Dehnungszustand in einem Punkte der Meßfläche durch Richtung und Größe der Hauptspannungen oder -dehnungen vollständig bestimmt ist, genügt es, die Richtung durch ein Achsenkreuz in der betreffenden Lage, die Größe aber durch Anschreiben der Zahlen anzugeben. So gilt Abb. 160 für einen Zustand, bei dem in der einen Richtung 450 kg/cm² Zug-, in der senkrechten dazu 110 kg/cm² Druckspannung herrschen. Auch können Pfeile, Abb. 161, die vom Meßpunkt abliegen, Zugspannungen oder Dehnungen, solche, die auf den Meßpunkt hinzeigen, Druckspannungen oder Stauchungen sinnfällig kennzeichnen. Ihre Länge kann ein Maß für die Größe sein. Bei Wiedergabe von Beanspruchungen in

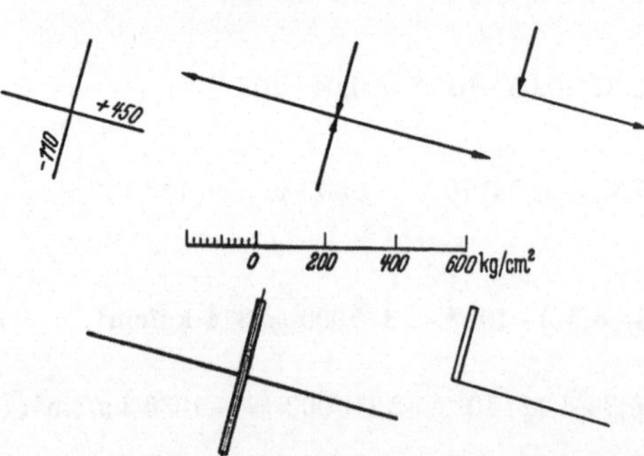

Abb. 160 bis 164. Wiedergabe von Meßwerten.

einem größeren Felde empfiehlt es sich, die Gegenpfeile wegzulassen und die Größen auf rechten Winkeln aufzutragen, Abb. 162. Die Darstellung gewinnt dadurch oft wesentlich an Klarheit und Deutlichkeit. In kleinem Maßstab, wie er z. B. bei gedruckten Darstellungen notwendig ist, werden

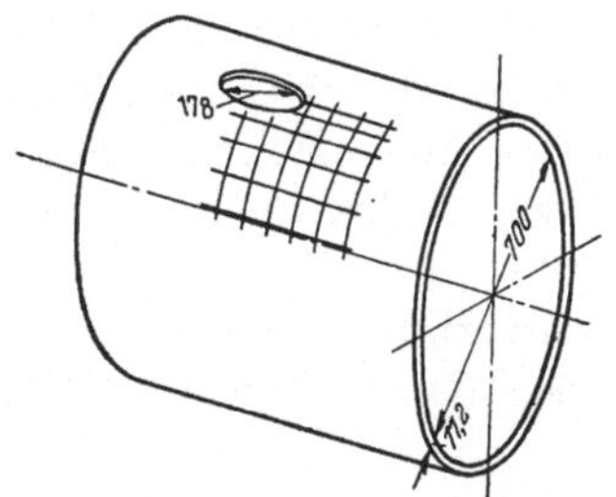

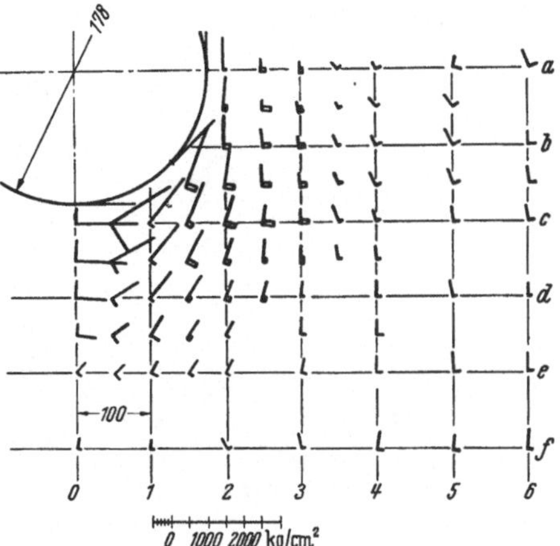

Abb. 165 und 166. Meßergebnisse an einem Rohr mit rundem Ausschnitt.

Pfeile undeutlich. Dann lassen sich Dehnungen oder Zugspannungen durch ausgezogene Striche, Abb. 163 und 164, Stauchungen oder Druckspannungen durch Doppelstriche unterscheiden. So gibt Abb. 166 Messungen an einem Rohr, Abb. 165, von 700 mm Durchmesser und 11,2 mm Stärke in der Umgebung eines kreisförmigen Ausschnitts von 178 mm Durchmesser bei 15 at innerem Druck wieder, während die Öffnung durch eine von innen angelegte gewölbte Platte verschlossen war.

Soll ein dreiachsiger Spannungs- oder Dehnungszustand dargestellt werden, so kann Abb. 167 benutzt werden. In den vier Punkten sind die Hauptdehnungen oder -spannungen auf der Meßfläche durch ausgezogene Pfeile wiedergegeben, während die senkrecht zu ihnen wirkende dritte Größe lotrecht eingetragen ist.

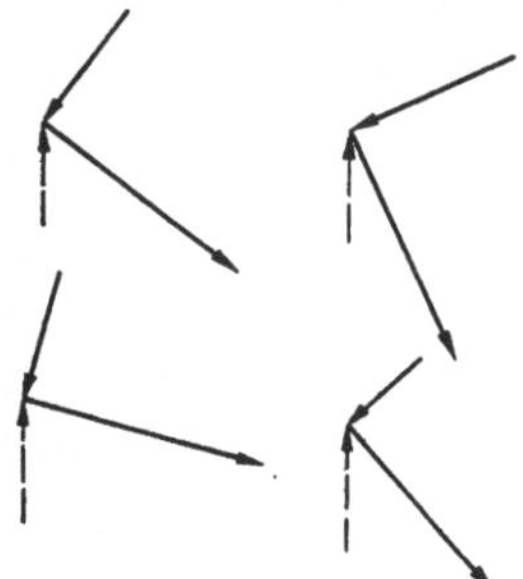

Abb. 167. Wiedergabe von Meßwerten räumlicher Beanspruchungen.

b) Darstellung von Ergebnissen längs Linien.

Liegen eine Reihe von Dehnungsmessungen an verschiedenen Stellen $A, B, C \ldots H$, Abb. 168, längs einer Linie vor, so findet man den Verlauf in erster Näherung, wenn man die Dehnungen als Ordinaten über den Mitten der einzelnen Meßstrecken l aufträgt und die Endpunkte verbindet. Bei starken Änderungen und in den Scheiteln der Kurven entstehen dabei jedoch Abweichungen vom wirklichen Verlauf, die sich berichtigen lassen, wenn man die Dehnungen, bei denen es sich doch um Mittelwerte über den betreffenden Meßstrecken handelt, in Form von Rechtecken über diesen Strecken, Abb. 169, aufträgt und die Kurve so legt, daß sich die Über- und Unterschußflächen ausgleichen. In den Scheiteln schlägt dabei die Kurve um so stärker nach oben, z. B. im Punkte D, oder nach unten — im Punkte G —, aus, je größer die Änderungen der mittleren Dehnungen gegenüber den Nachbarfeldern sind. (Die Anwendung kürzerer Meßstrecken in den Scheiteln oder das in Abschnitt D beschriebene Differenzenverfahren gestatten den Verlauf der Kurven genauer festzulegen.)

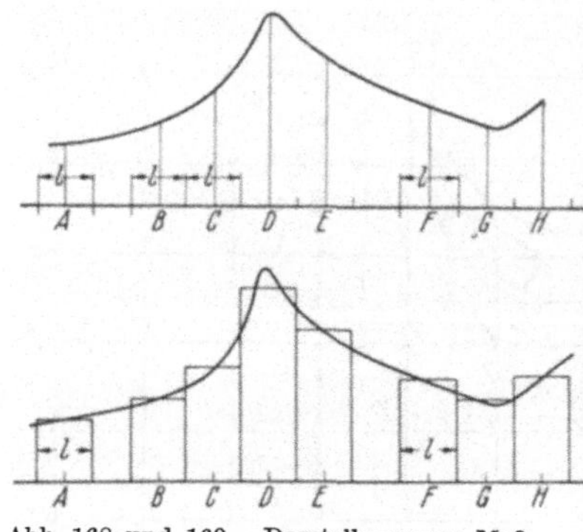

Abb. 168 und 169. Darstellung von Meß-
ergebnissen längs einer Linie.

Weitere Beispiele für die Darstellung von Ergebnissen längs Linien bieten die Abb. 170 bis 175. Die Werte können entweder perspektivisch über den Meßpunkten aufgetragen, Abb. 170, oder in die Zeichenebene umgelegt dargestellt werden, Abb. 171, Bilder, die die Dehnungsverteilung an einem gelochten, auf Zug beanspruchten Flachstab in drei

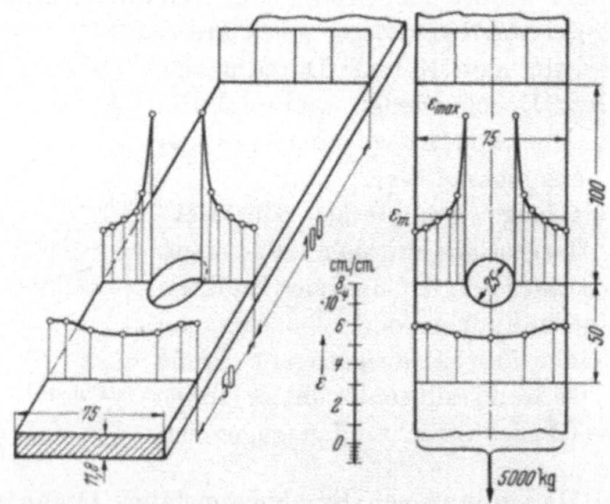

Abb. 170 und 171. Dehnungsverteilung an einem gelochten Flachstab.

Querschnitten wiedergeben, ermittelt durch Dehnungsmessungen parallel zur Stabachse.

Abb. 172 verdeutlicht die Dehnungsverteilung und den Kraftfluß in der bei der Schweißerprüfung üblichen Kreuzprobe, die zwei Längsbleche a und b durch vier Kehlnähte mit einem Querblech c verbindet. Die Messungen wurden an einem Modell durchgeführt, das aus einem ebenen Blech herausgeschnitten war und an dem die Spalten zwischen den Längsblechen a und b und dem Querblech c durch Sägeschnitte ersetzt waren. Um die Wirkungen verschiedener Nahtformen zu erfassen, entsprachen die Übergänge auf der unteren Hälfte überhöhten Nähten, auf der oberen Hälfte Nähten dreieckigen Querschnitts.

Messungen längs Linien genügen auch zur Kennzeichnung des Verformungs- und Spannungszustandes an drehrunden Hohlkörpern, Böden und Deckeln, sowie an kreisförmigen Platten, die durch gleichmäßigen Flüssigkeitsdruck beansprucht sind. Die Hauptspannungen und -dehnungen liegen

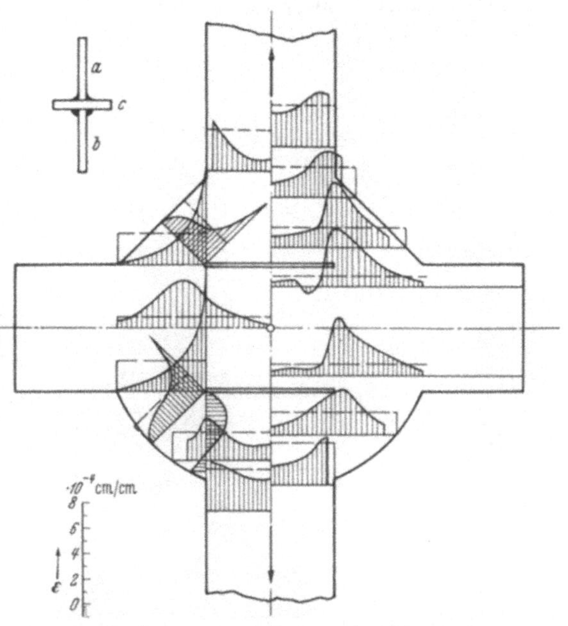

Abb. 172. Dehnungsverteilung an einer Kreuzprobe.

in Radial- und Tangentialebenen; ihre Richtungen sind also durch die Leitlinie und durch Lote zu derselben gegeben. Die Werte werden zweckmäßig senkrecht zur Leitlinie aufgetragen. So zeigt Abb. 173 die Verteilung der Radialdehnungen ε_r und Tangentialdehnungen ε_t auf der Außenfläche eines gußeisernen, gewölbten Deckels mit Rand, die durch das Anziehen der Schrauben und durch einen inneren Druck von $p = 10$ at erzeugt werden, im Vergleich mit

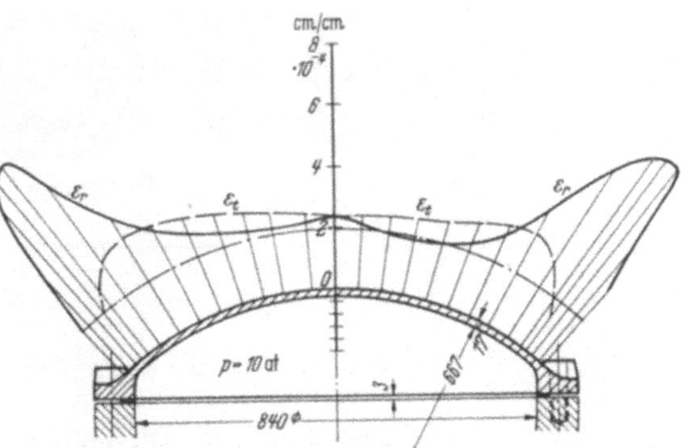

Abb. 173. Radial- und Tangentialdehnungen an einem gußeisernen Deckel.

den strichpunktiert eingetragenen, nach der Kugelformel für dünne Wandungen errechneten Dehnungen. Wird die Darstellung an vertieften Flächen oder in Hohlkehlen durch Überschneiden der aufgetragenen

Ergebnisse unklar, wie in Abb. 174 Mitte, die die Tangential- und Axialdehnungen an einem Schieberkörper in einer Ebene unter 45° zum Mittelschnitt wiedergibt, so empfiehlt es sich, die *Abwicklung* der Leitlinie als Grundlinie zu benutzen. Dadurch tritt in Abb. 174 unten die in der Kehlwirkung begründete Dehnungswelle deutlich zutage. Auch die polar aufgetragenen Dehnungsverteilungen auf der Durchdringungslinie des Anschlußstutzens mit dem Hauptkörper des Schiebers, Abb. 175, lassen sich an Hand der Abwicklung der Linie nach Lage und Größe leicht darstellen.

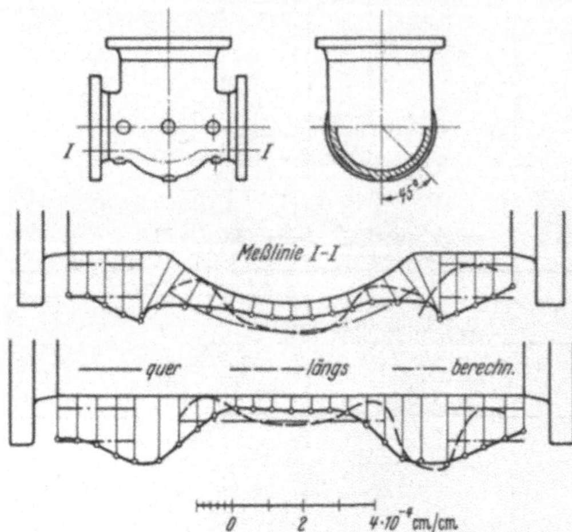

Abb. 174. Dehnungen an einem Schiebergehäuse.

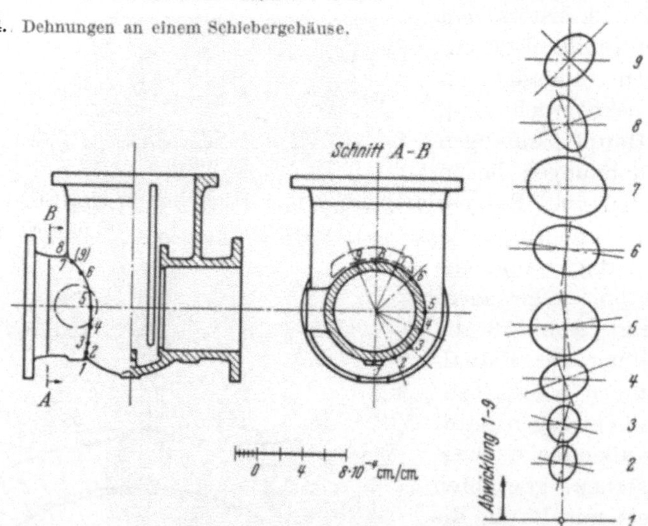

Abb. 175. Dehnungen an einem Schiebergehäuse.

c) Darstellung von Ergebnissen auf Flächen.

Bei der Wiedergabe der Spannungs- und Dehnungsverteilung auf Flächen oder Schnitten bietet das räumliche Modell das vollkommenste Darstellungsmittel. So sind aus Abb. 176 die auf einem T-Stück an Hand des Liniennetzes gemessenen Dehnungen zu entnehmen, wobei sich das Netz aus Linien parallel zur Hauptachse des Körpers und senkrecht dazu zusammensetzte, während in Abb. 177 die an dem gleichen Stück ermittelten Hauptdehnungen nach Größe und Richtung

Abb. 176 und 177. Dehnungen an einem T-Stück.

durch Pfeile gekennzeichnet sind. Die Pfeile weisen durch ihre Richtung deutlich auf den Fluß der Spannungen hin und geben durch ihre Größe die Anstrengungen an, die an den verschiedenen Stellen herrschen.

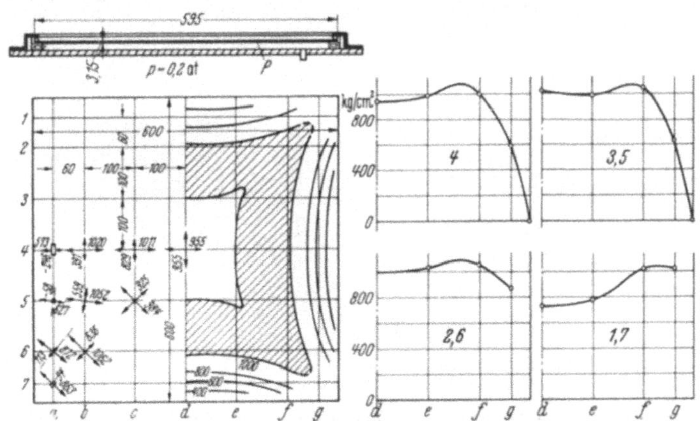

Abb. 178 bis 183. Beanspruchung einer quadratischen Platte durch Flüssigkeitsdruck.

Ebene oder abwickelbare Flächen gestatten die Darstellung in einer Zeichenebene. Dabei kann oft vorteilhaft von Schichtlinien oder von parallelperspektivischen Darstellungen Gebrauch gemacht werden.

Ein Beispiel für die Anwendung von Schichtlinien bietet die Untersuchung einer ebenen, quadratischen Blechplatte P, Abb. 178, die längs ihres Umfangs auf Schneiden ruhte und durch Wasserdruck p von unten her gleichmäßig belastet war. Auf der Platte war nach Abb. 179 ein Netz senkrecht zueinander stehender Linien *1* bis *7* und *a* bis *g* in 100 und 60 mm Abstand angebracht. Die Mittelwerte der Dehnungen in den 49 Schnittpunkten des Netzes auf der Außenfläche der Platte lieferten bei einem Druck von 200 mm Wassersäule die links unten in einem der acht Oktanten einge-schriebenen Hauptspannungen nach Größe und Richtung. Dabei betrug die elastische Durchbiegung der Platte in der Mitte 8,11 mm, also das 2,5fache der Plattenstärke von 3,15 mm. Aus den Hauptspannun-gen wurden die Spannungsschicht-linien in der rechten Hälfte entwik-kelt, indem in den Abb. 180 bis 183 der Verlauf der *größeren* Haupt-

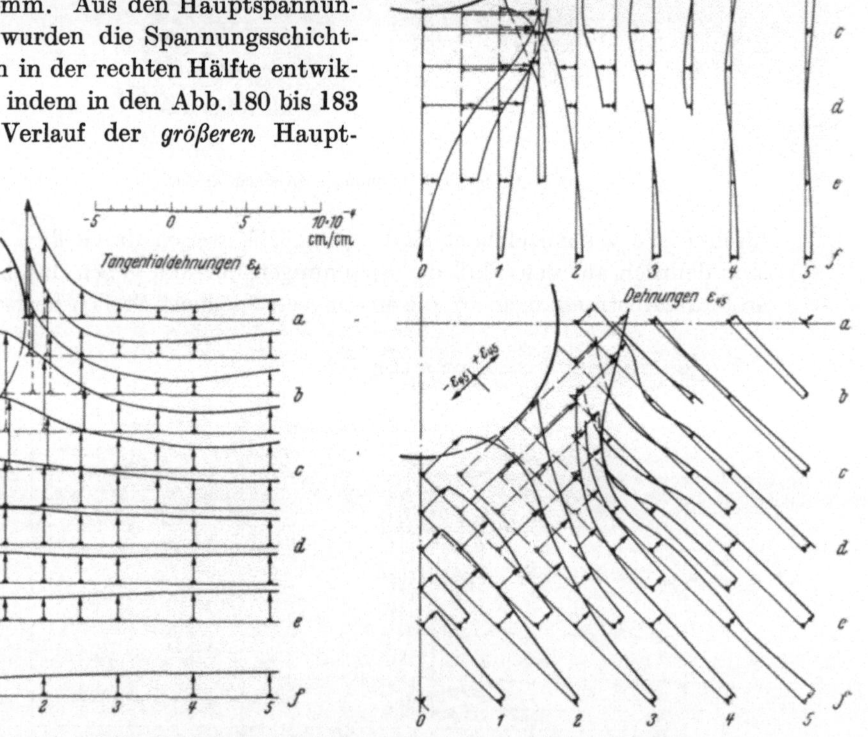

Abb. 184 bis 186. Dehnungen an einem Rohr mit kreisförmigem Ausschnitt.

spannungen in den Ebenen *1* bis *7* und daran die Punkte ermittelt wurden, in denen 1000, 800, 600 und 400 kg/cm² herrschen. In Abb. 179 zurückgetragen ergeben sich die Schichtlinien, die zeigen, daß die größten Spannungen bei der vorliegenden beträchtlichen Durchbiegung nicht in der Mitte der Platte, wo 955 kg/cm² wirken, sondern in der gestrichelten ringförmigen Zone auftreten, wo 1000 kg/cm² überschritten werden. Begründet ist die Erscheinung darin, daß die Spannungsverhältnisse infolge der Wölbung, der die Platte bei der verhältnismäßig großen Durchbiegung unterliegt, günstiger werden. Zahlenmäßig noch größere Beanspruchungen auf Druck treten übrigens an der Unterfläche der Platte auf. Näheres s. Diss. R. KAISER [21].

Die Dehnungen in der Umgebung des kreisförmigen Ausschnittes an dem Rohr Abb. 165 bei 15 at Druck zeigen die Abb. 184 bis 186. Der Ausschnitt hatte 178 mm Durchmesser und war von innen her durch eine der Wandung angepaßte Platte unter Abdichtung mittels einer Rundgummischnur verschlossen. Infolge der Symmetrie konnten die Messungen auf einen Quadranten beschränkt werden, der durch Umfangslinien und Parallele zur Rohrachse begrenzt ist und der durch Parallele zu diesen Linien in 10 und 5 cm Abstand in rechteckige Felder eingeteilt war.

Die Fläche ist abwickelbar; deshalb konnten die Meßwerte und die Ergebnisse der Untersuchung durch ebene Darstellungen wiedergegeben werden. Gemessen wurden nach dem Verfahren Abschnitt H, c, 6 1. die Tangentialdehnungen ε_t, Abb. 184, die in den Meßpunkten, ihrer Richtung entsprechend, senkrecht zu den axialen

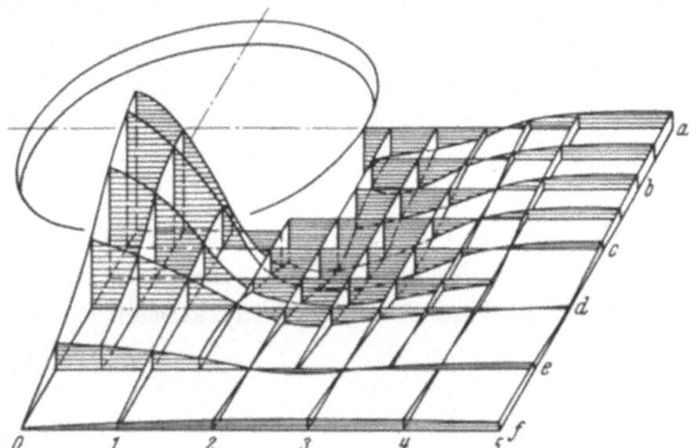

Abb. 187. Parallelperspektivische Darstellung der Achsialdehnungen, Abb. 185.

Netzlinien aufgetragen sind und durchweg positive Werte besitzen, 2. die Axialdehnungen ε_a, Abb. 185, die senkrecht zu den Umfangslinien aufgezeichnet sind und zum großen Teil negative Werte haben, und 3. die Dehnungen ε_{45} unter 45°, Abb. 186, die vorwiegend positiv, in einem kleinen Gebiet aber auch negativ sind. In Abb. 185 überdecken sich die in die Zeichenebene hineingeklappten Kurven der Axialdehnungen großenteils, so daß die Deutlichkeit leidet und die Übersicht erschwert wird. Dann kann eine perspektivische Darstellung, Abb. 187, gute Dienste leisten, die die Gebiete positiver und negativer Werte deutlich hervortreten läßt. Die Endpunkte der einzelnen Werte liegen in den Abb. 184 bis 187 durchweg auf stetigen Kurven, was beweist, daß gröbere Fehlmessungen nicht vorgekommen sind. Aus den drei Dehnungen an den Meßpunkten wurden Richtung und Größe der Hauptdehnungen und der Hauptspannungen ermittelt und die letzteren in Abb. 166, nach Art von Abb. 164, aufgetragen. Die größten positiven

Werte treten tangential am Rohrumfang auf; in einem großen Teil des Quadranten wirken aber neben Zugspannungen Druckspannungen, was darauf hindeutet, daß dort die Rohroberfläche nach innen durchgebogen wird.

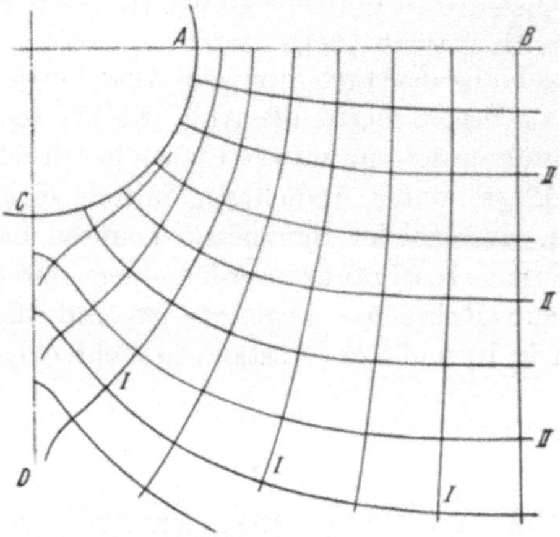

Abb. 188. Spannungstrajektorien.

An Hand der Richtungskreuze lassen sich die *Hauptspannungslinien* oder *Spannungstrajektorien*, Abb. 188, finden. Sie bilden ein Netz einander senkrecht schneidender Kurven, deren Tangenten und Normalen die Richtung der Hauptspannungen in beliebigen Punkten angeben. Zu ihnen gehören auch die Symmetrielinien und eine Umrißlinie des Ausschnittes. Das Eintragen der Trajektorien muß mehr oder weniger gefühlsmäßig erfolgen. Man geht zweckmäßigerweise von Punkten einer Symmetrielinie, z. B. von solchen auf *AB* aus und schaltet die senkrecht zu *AB* ansetzenden Trajektorien Gruppe I zwischen die auf dem Wege oder in der Nähe liegenden Richtungskreuze ein. In größerem Abstande vom Ausschnitte geht diese Gruppe in Umfangslinien über.

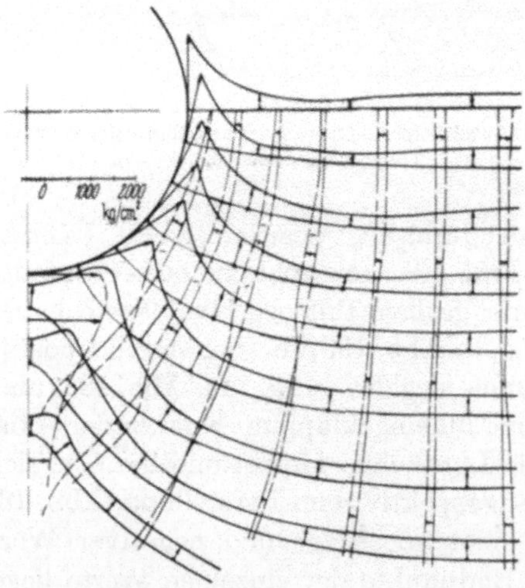

Die Gegenschar II verläuft in größerer Entfernung vom Lochumfang parallel zur Rohrachse. Die zur Symmetrielinie *AB* hin liegenden krümmen sich im Störungsgebiet und stoßen senkrecht auf den Lochumfang, wobei die zugehörige Spannung auf Null sinkt. Die weiter abliegenden werden zum Scheitel *C* des Ausschnittes unter beträchtlicher Steigerung der

Abb. 189. Spannungsverteilung längs Trajektorien.

Spannung hingezogen und schneiden die Symmetrielinie *CD* unter 90°.

Die Trajektorien verdeutlichen den Kraftfluß um den Ausschnitt herum; dort, wo sie sich zusammendrängen, ist im allgemeinen mit

Spannungssteigerungen zu rechnen, ein sicherer Rückschluß auf deren Höhe ist jedoch nicht möglich.

Es liegt nahe, den Verlauf der Hauptspannungen längs der Trajektorien anzugeben, um so Richtung und Größe dieser Spannungen im ganzen Felde festzuhalten, ein Verfahren, das sich namentlich bei räumlichen Darstellungen von Ergebnissen in Gestalt von Modellen empfiehlt. Welche Spannungen und welche Trajektorien zusammengehören, kann man durch Schraffur, durch einzelne Ordinaten oder durch Nadeln über den Netzlinien deutlich machen.

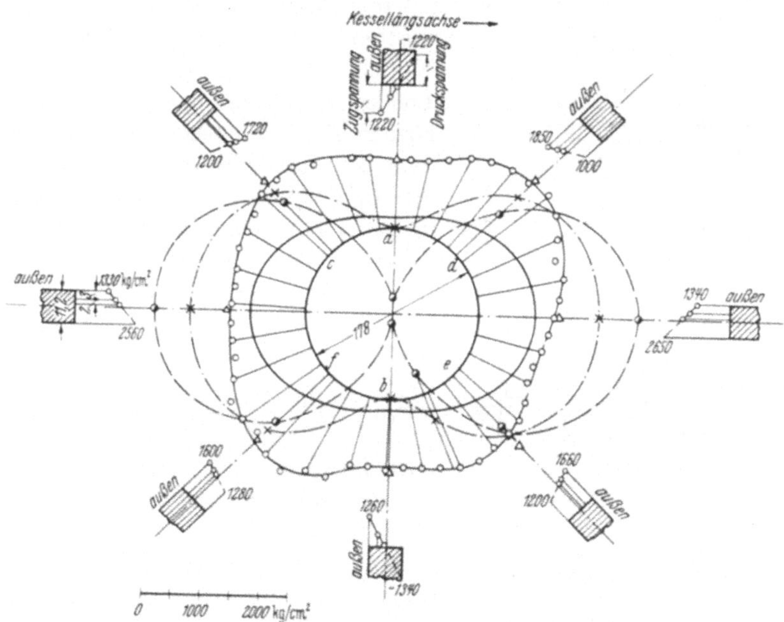

Abb. 190. Spannungen an der Lochwandung.

In Abb. 189 sind die Hauptspannungen an dem Rohr jeweils senkrecht zu den Trajektorien aufgetragen, wobei Pfeile auf die Zugehörigkeit hinweisen und die beiden Systeme durch ausgezogene und gestrichelte Linien unterschieden sind. Die Kurven lassen den gesetzmäßigen Verlauf und die Steigerung der Hauptspannungen zum Lochumfang hin deutlich erkennen.

Während man in der Wandung eines dünnwandigen zylindrischen Rohrs, das durch inneren Druck beansprucht ist, praktisch mit gleich hohen Zugspannungen rechnen kann, trifft das im Störungsgebiet und namentlich am Umfang des Ausschnittes nicht zu. Infolge des Druckes auf den Verschlußdeckel treten Belastungen des Ausschnittrandes auf, die die Umgebung wölben und erhebliche Nebenbeanspruchungen auf

Biegung in der Wandung hervorrufen. Das zeigen Dehnungsmessungen auf der Lochwandung in drei Schichten in verschiedenem Abstand von der Außenfläche bei 12 at Innendruck. Ihre Ergebnisse lassen sich anschaulich an der Lochumfangslinie, Abb. 190, darstellen. Bei dem einachsigen Spannungszustand genügt die Angabe der Größe der Spannungen auf radialen Strahlen vom Lochumfang aus. Zugspannungen sind radial nach außen, Druckspannungen radial nach innen aufgetragen.

Die dünn ausgezogene Linie gibt die Spannungen an der Außenkante der Lochwandung, die gestrichelte diejenige an der Innenkante, die strichpunktierte die der mittleren Faser an. Zum Vergleich ist stark ausgezogen die Spannungsverteilung auf Grund der Formel von KIRSCH [22] über die Wirkung eines Loches in einer unendlich großen ebenen Platte eingezeichnet, die unter dem zweiachsigen Spannungszustand $\sigma_2 = \sigma_1/2$ steht, wie er in einer zylindrischen Rohrwandung herrscht. Die größte Spannungssteigerung auf 2650 kg/cm², d. i. das 7fache der Umfangsspannung am ungeschwächten Rohr

$$\sigma_1 = \frac{D \cdot p}{2\,s} = \frac{70 \cdot 12}{2 \cdot 1,12} = 375 \text{ kg/cm}^2 \,,$$

tritt an der Innenkante des Loches im Längsschnitt durch den Ausschnittmittelpunkt auf.

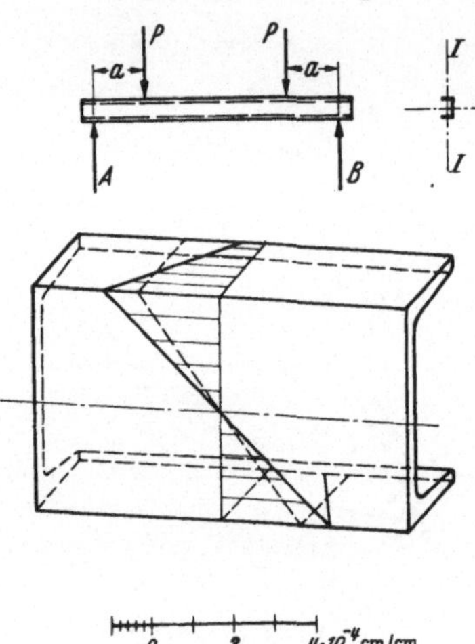

Abb. 191. Dehnungsverteilung auf der Außenfläche eines U-Eisens.

Trägt man die Spannungen in den drei Schichten über den einzelnen Lochrandquerschnitten auf, so erhält man die in einem kleineren Maßstab außen angeordneten Einzeldarstellungen. Es wird deutlich, daß die Spannungen nur in den vier Punkten c, d, e und f, in denen sich die drei Schichtlinien schneiden, in der Wandung gleich groß sind, daß in den Scheiteln a und b fast reine Biegebeanspruchungen herrschen, und zwar an der Außenseite Zug- und an der Innenseite gleich hohe Druckspannungen, während in allen übrigen Querschnitten Biegespannungen den Zugspannungen überlagert sind.

Nähere Einzelheiten s. Diss. HENNES [23].

Abb. 191 gibt die Spannungen auf der Außenfläche eines U-Eisens bei Beanspruchung durch ein Biegemoment $P \cdot a$ wieder, wenn als Belastung Einzelkräfte P in der Schwergewichtsebene $I—I$ wirken. In diesem Fall ist die perspektivische Darstellung angebracht.

Schrifttumsverzeichnis.

[1] SIEBEL, B., u. A. POMP: Mitt. Kais.-Wilh.-Inst. Eisenforschg., Düsseld. Bd. 8 (1926) S. 63.

[2] DIETRICH, O., u. E. LEHR: Das Dehnungslinienverfahren, ein Mittel zur Bestimmung der für die Bruchsicherheit bei Wechselbeanspruchung maßgebenden Spannungsverteilung. Z. VDI Bd. 76 (1932) S. 973.

[3] Druckschriften von Dr. techn. A. HUGGENBERGER, Zürich.

[4] LEHR, E., u. H. GRANACHER: Dehnungsmeßgerät mit sehr kleiner Meßstrecke und Anzeige mittels Sperrschichtphotozelle. Forschg. Ing.-Wes. Bd. 7 (1936) S. 66. — LEHR, E.: Z. VDI Bd. 80 (1936) S. 842.

[5] MATHAR, J.: Über die Spannungsverteilung in Stangenköpfen. Forsch.-Arb. Ing.-Wes. Nr. 306 (1928).

[6] LEHR, E.: Meßgeräte für Dehnungsmessungen. Masch.-Bau Betrieb Bd. 10 (1931) S. 711. — LEHR, E.: Spannungsverteilung in Konstruktionselementen. Berlin: VDI-Verlag 1934. — THUM, A., O. SVENSON u. H. WEISS: Neuzeitliche Dehnungsmeßgeräte. Forschg. Ing.-Wes. Bd. 9 (1938) S. 229. — PIRKL, J., u. TH. POVSCHE: Gerät zur Feinmessung sehr großer Dehnungen. Mitt. staatl. techn. Versuchsamt, Wien Bd. 25 (1936). — PIRKL, J.: Dehnungsmessung mittels bandgeführter Differentialrolle. Z. VDI Bd. 79 (1935) S. 923. — SEEWALD, F.: Messungen mit dem Glasritzdehnungsschreiber der DVL. Masch.-Bau Betrieb Bd. 10 (1931) S. 725. — BERG, S.: Dynamische Spannungsmessungen. Z. VDI Bd. 81 (1937) S. 295. — LEHR, E.: Diskussionsbeitrag über statische und dynamische Dehnungsmessungen. Jb. schiffbautechn. Ges. Bd. 37 (1936) S. 269. — FREISE, H.: Neue Ritzgeräte für die Luftfahrtforschung. Luftf.-Forschg. Bd. 14 (1937) S. 373.

[7] RÜHL, D.: Experimentelle Ermittlung ebener Verschiebungs- und Spannungszustände auf neuem Wege und Anwendung auf eine durch zwei Nietbolzen gespannte Platte. Forsch.-Arb. Ing.-Wes. Nr. 221 (1920).

[8] FISCHER, G.: Versuche über die Wirkung von Kerben an elastisch beanspruchten Biegestäben. Diss. T. H. Aachen 1932. Berlin: VDI-Verlag 1932.

[9] BAUMANN, R.: Versuche zur Ermittlung der in den Blechen beim Nieten bewirkten Formänderungen. Forsch.-Arb. Ing.-Wes. Nr. 252 (1922).

[10] STOLL, H.: Die Eignung von Weichgummi zur experimentellen Ermittlung von Spannungsbildern. Forschg. Ing.-Wes. Bd. 2 (1931) S. 313.

[11] JASCHKE, R.: Der Verformungskreis für große Formänderungen und seine Anwendung in der Meßtechnik. Diss. T. H. Aachen 1938.

[12] KLOTTER, K.: Graphische Darstellung zugeordneter Spannungs- und Verzerrungszustände. Ing.-Arch. Bd. 4 (1933) S. 354.

[13] CRUMBIEGEL, J.: Ermittlung von Drehspannungen aus Dehnungsmessungen. Z. VDI Bd. 80 (1936) S. 101.

[14] UEBEL, F.: Zur Berechnung von drillbeanspruchten Stäben mit rechteckigen und aus Rechtecken zusammengesetzten Profilen (Walzträger). Diss. T. H. Aachen, Forschg. Ing.-Wes. Bd. 10 (1939) S. 123.

[15] KARHAUSEN, G.: Beitrag zur Frage der Kehlspannungen an zusammengesetzten Hohlkörpern. (Zugleich versuchsmäßige Bestätigung des Überlagerungsgesetzes.) Diss. T. H. Aachen, erscheint demnächst.

[16] BÖTTCHER, K.: Versuche über die Spannungsverteilung im Zughaken. Forsch.-Arb. Ing.-Wes. Nr. 337 (1931).

[*17*] Saul, L.: Die Fehlerquellen der Spiegelapparate. Diss. T. H. Aachen 1922. — Wizenez, L.: Die Meßgenauigkeit des Martensschen Spiegeldehnungs- messers. Arch. Eisenhüttenwes. Bd. 11 (1937) S. 189. — Jentsch, G.: Der syste- matische Fehler der Messung mit dem Martensschen Spiegelapparat. Mitt. dtsch. Mat.-Prüf.-Anst. Bd. 38 (1920) S. 1. — Scholz, E. H.: Die Bestimmung kleinster Längenänderungen beim Zugversuch, insbesondere beim Dauerstandversuch. Mitt. Kohle- u. Eisenforschg. Bd. 1 (1937) S. 171. — Böttcher, K.: Beitrag zur Entwicklung von Dehnungsmessern kleiner Meßlänge. Z. Instrumentenkde. (1928) S. 285. — Bücken, H.: Untersuchung der Anstrengung eines gußeisernen T-Stückes unter innerem Überdruck. Diss. T. H. Aachen 1929.

[*18*] Vose, R. W.: Proc. Amer. Soc. Test. Mater. Bd. 34 (1934) S. 658. Aus- zug Stahl u. Eisen Bd. 55 (1935) S. 658. — Templin: Proc. Amer. Soc. Test. Mater. Bd. 28 (1928) S. 714.

[*19*] Czuber, E.: Theorie der Beobachtungsfehler. Berlin: Teubner 1891. — Jordan-Eggert: Handbuch der Vermessungskunde. Stuttgart: J. B. Metzler 1920. — Werkmeister: Einführung in die Ausgleichsrechnung. Stuttgart: K. Wittwer 1928.

[*20*] R. Jaschke, Fehlerfortpflanzung bei Dehnungsmessungen und Ausgleich dieser Messungen nach der Methode der kleinsten Fehlerquadrate, Ing.-Archiv (1939) Oktoberheft.

[*21*] Kaiser: Rechnerische und experimentelle Ermittlung der Durchbiegun- gen und Spannungen von quadratischen Platten bei freier Auflagerung an den Rändern, gleichmäßig verteilter Last und großen Ausbiegungen. Diss. T. H. Aachen 1935. Z. angew. Math. Mech. Bd. 16 (1936) S. 73.

[*22*] Kirsch, G.: Die Theorie der Elastizität und die Bedürfnisse der Festig- keitslehre. Z. VDI Bd. 42 (1898) S. 797.

[*23*] Hennes, J.: Untersuchungen über die Spannungen an Ausschnitten in zylindrischen Rohren. Diss. T. H. Aachen 1935.

Weiteres Schrifttum.

Heck, O. S.: Untersuchung ebener Spannungszustände mit Hilfe von Deh- nungsmessern. Ing.-Arch. Bd. 8 (1937) S. 30.

Baes, L.: L'éxtensomètre Huggenberger, Extrait du Bull. Soc. belg. Ing. et Ind. Bd. 9 (1929).

Osgood, Wm. R.: Determination of principal stresses from strains on four intersecting gage lines 45° apart. J. Res. Nat. Bur. Stand. Bd. 15 (1935) S. 579.

Osgood, Wm. R., and R. G. Sturm: The determination of stresses from strains on three intersecting gage lines and its application to actual tests. J. Res. Nat. Bur. Stand. Bd. 10 (1933) S. 685.

Mindlin, Raymond D.: The equiangular strain-rosette. Civ. Engng., Lond. Bd. 8 (1938) S. 546.

Sachverzeichnis.

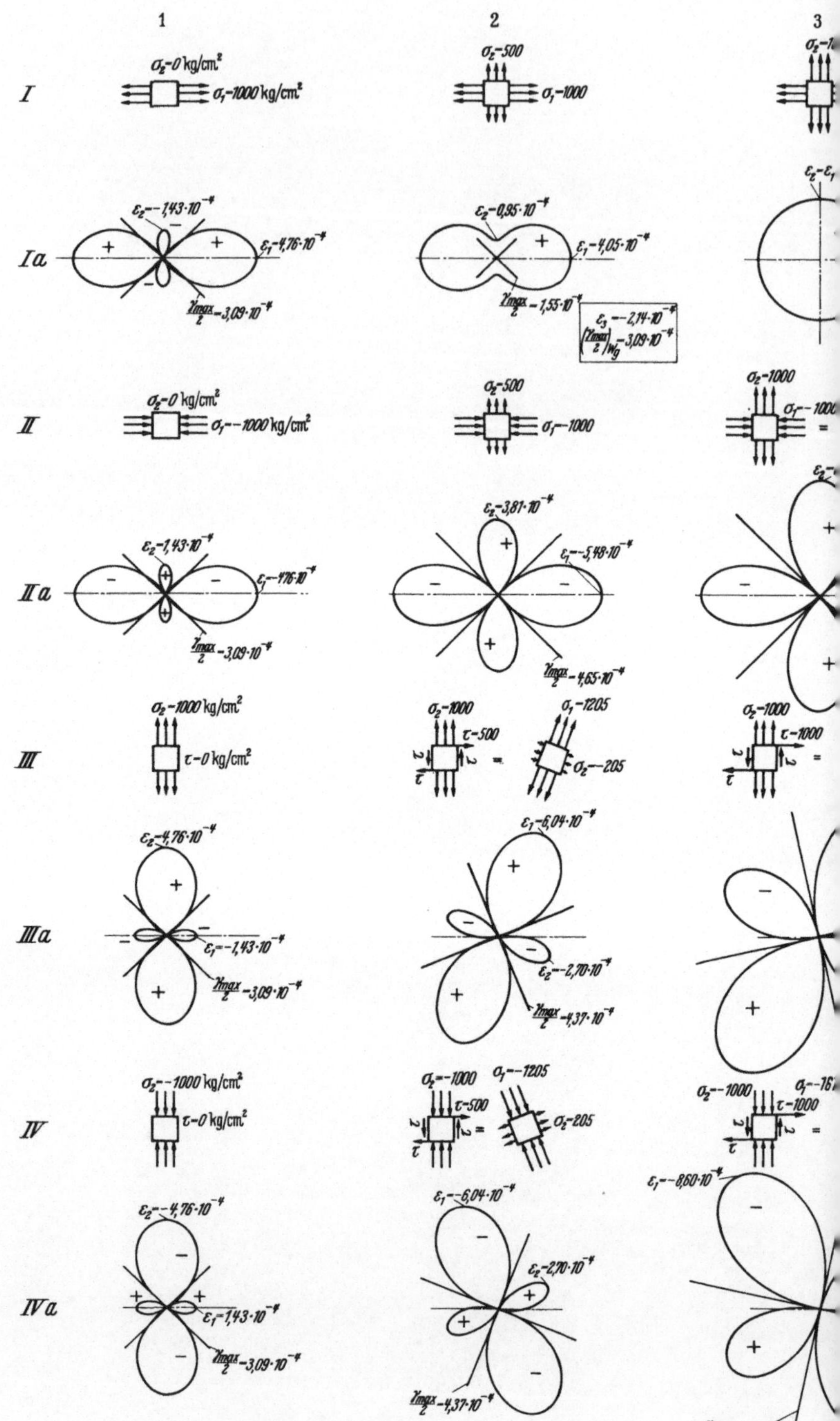

Verlag von Julius Springer, Berlin.

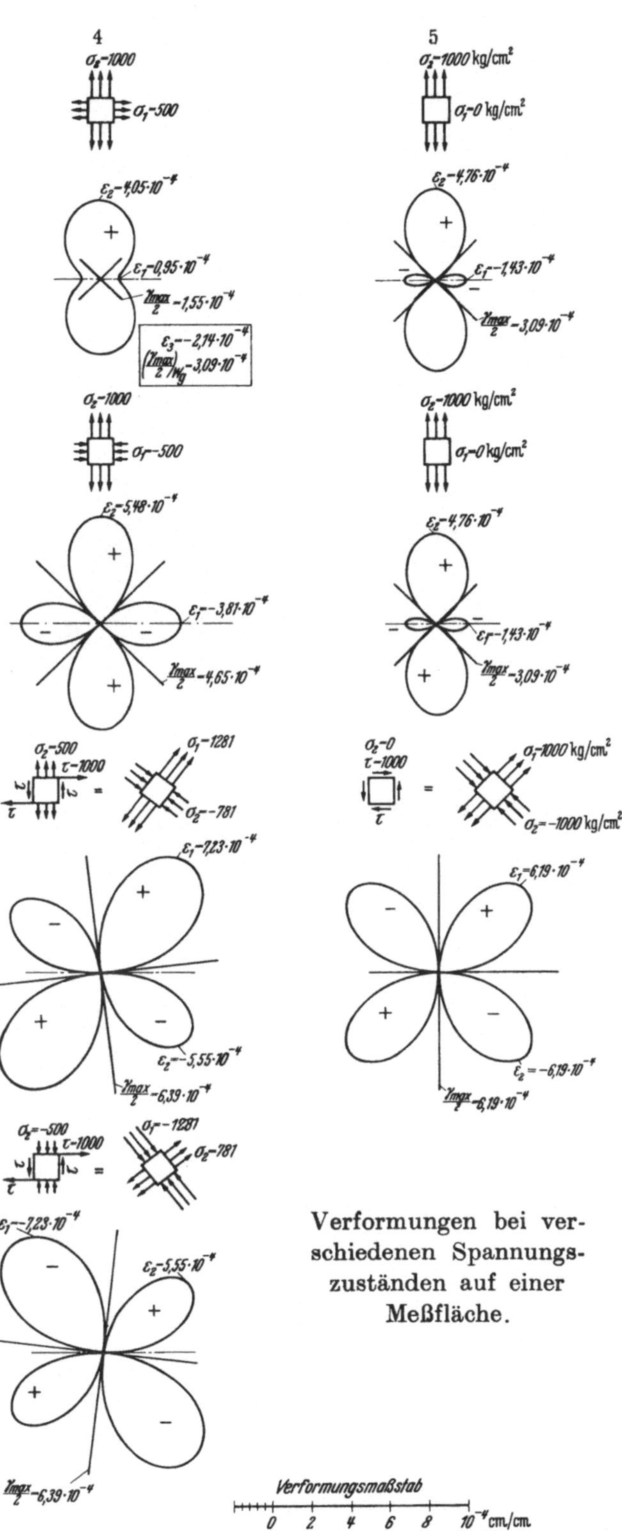

Verformungen bei ver-
schiedenen Spannungs-
zuständen auf einer
Meßfläche.